10倍はかどる SEOの進め方

青木創平

技術評論社

はじめに

「低コストで、安定的に集客を増やせる」

そんなメリットを期待してSEOに取り組む方が多いですが、SEOを成功させるハードルはかなり高く、多くの方が「ない」の嵐に苛まれます。

「このキーワードで1位にしたいのに、まったくうまくいかない」
「そもそも検索結果にすら表示されない」
「集客が安定しない」
「リソース不足で施策が全然進まない」
「これまでに取り組んできた施策が合っていたのかわからない」
「どうやったら改善するのかわからない」

SEOがうまくいかない理由の1つに「解像度の低さ」があると私は考えています。つまり、**SEOの全体像がわからず手探りであったり、ネットだけだと情報が足りなかったり、断片的にしか理解できていないのです。**

「SEO対策 やり方」「SEO 施策」などで検索すればさまざまな情報が手に入るため、すぐにSEOに取り組むこともできるような気もします。実際に検索していただくとわかるように、参考にできるいいコンテンツもたくさんあります。しかし、そうしたコンテンツを個別に参考にしてタイトルタグをチューニングしたり、コンテンツの作成に挑戦しても、施策が全体としてうまくいっているのか判断できません。結果として、「何のためにやっている施策だったっけ？」という事態や、「更新がいっこうにされない、数本のコンテンツがあるだけのオウンドメディア」が生まれたりするのです。

私が所属するナイル株式会社はSEOに10年以上取り組んでおり、これまでにコンサルティングしてきた会社数は2,000を超えています。金融業界、官公庁、大規模なECのサイトのSEOから、オウンドメディア設計、コンテンツマーケティングまで、さまざまな案件に対応してきました。私もSEOコンサルタントとして、ほぼ0からSEOに取り組む企業へのSEO内製化支援や、定期的なSEOセミナーなどを実施してきました。

とはいえ、SEOを始めたてのころは、わからないことだらけで、「noindex」や「canonical」などの単語の意味や、Webの基本的な学習からはじめました。言葉の意味がわかっても、それがどれくらい重要なのかがなかなかつかめず、提案に苦労したのを覚えています。ようやくSEOがわかりはじめて、順位を上げられるようになっても、今度はコンバージョンが発生しない……。

そのように紆余曲折しながらもSEOで成果を出せるようになったのは、知識の点と点がつながるように理解していったためです。**この本では、そんな私の経験をふまえて、SEOの全体像を体系化することを試みつつ、みなさんの疑問に答えていき、現場の知見が把握できるようにしています。**

SEOはなかなかに大変です。これまで積み上げてきたものが、検索エンジンのアルゴリズムのアップデート1回で、文字どおり吹き飛んでしまうこともあります。会社内で理解してもらえずに、施策がいっこうに進まないこともあるかもしれません。しかし、苦労も多い分、きっとビジネスの成果とあなたの成長にもつながるはずです。**この本でSEOのつまずきやすいポイントを先回りして経験し、立ち向かっていただけると幸いです。**

第5章 依頼したことを反映してもらえない

第6章 コンテンツづくりがうまくいかない

第10章 ナイルはどのようにSEOに取り組んでいるのか

第1章

SEOって、1位をとるのが大事なんでしょ？

SEOのホントのところ

SEOでは、「順位の改善」が短期的な目標として挙げられることが多いです。検索順位で1位を獲得すると、多くの人に見られ、クリックされる可能性が上がるためです。また、ズルをしたり、検索エンジンをだましたりして順位を上げていくものと考えている人もいます。

しかし、この2つは大きな誤解です。あなたが売上増のためにSEOに取り組んでいるのであれば、1位をとっても儲けにつながらないなら意味がありません。また、検索エンジンは年々進化しており、多くのスパム行為を見抜くことができます。仮に一時的に順位が上がったとしても、長期的にはリスクしかありません。これから紹介する話をもとに、SEOを正しく理解してください。

SEOはマーケティングの手段の1つにすぎない

SEOは万能ではなく、マーケティングの手段の1つにすぎません。アプローチできる範囲などに得意、不得意があります。

検索がまったくされていないトピックに関しては、SEOによる集客は相性が悪いと言えます。SEOは、新しいニーズを生み出すことも得意ではありません。きっかけがなければ、調べようとはならないですよね。

▼SEOの得意なこと、苦手なこと

SEOの得意なこと	SEOの苦手なこと
●すでにあるニーズに対応する	●新たなニーズを生み出す
●サービスを知らない人との接点を作る	●知名度を上げる
●継続的に集客する	●すぐに成果を出す

検索結果の順位も、常に一定というわけではありません。検索エンジンの順位決定アルゴリズムによって、細かい変動は毎日、大きい変動も年に数回発生します。そのため、ユーザーが求める情報に対してコンテンツの内容が古いままだったり、自社のコンテンツよりもわかりやすい内容が出てくれば、順位に変動が起こるのです。たまに、「SEOでは作ったコンテンツがストックされるので、安定した流入を長期にわたり獲得することができます」と紹介されることもあるのですが、あくまでもそれは作ったコンテンツがそもそも評価されるレベルであり、コンテンツすべてに定期的に適切なメンテナンスがされた場合にのみ享受できるメリットなのです。

▼何もしなければ上位はキープできず下がってしまう

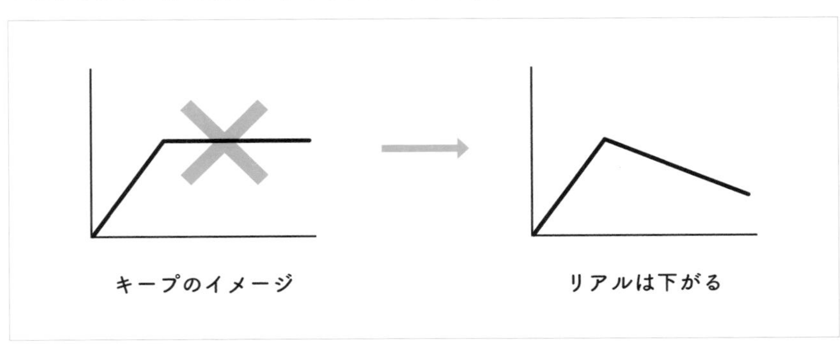

しかし、ある程度検索されるキーワードで上位をキープできているかぎり、毎日アクションしなくても流入を獲得し続けることが期待できます。これは、運用をやめてしまえば集客が止まってしまうSNSや広告との大きな違いです。

「1位をとったけどうまくいっていない」場合とは

SEOの基本的な考え方を確認したところで、あらためて何のためにSEOに取り組むのか考えてみましょう。

SEOの目的は「1位を取ること」ではありません。実際によくある「1位をとったけどうまくいっていない」例をいくつかご紹介します。

サービスの潜在層向けのキーワードで1位

アパレルECサイトでは、「ジャケット」「パーカー メンズ」「DM0029-014（型番）」などは1位を狙いたいキーワードになります。なぜなら、該当の商品を探しており、かつ値段やサイズ、在庫などの条件があれば購入したいと考えているユーザーとの接点になる可能性が高いからです。

一方で、「東京 デート」「新宿 イタリアン」「水族館 おすすめ」のようなデートに関するキーワードで1位を取れたとしても、商品の購入にはつながらないことが多いです。たしかに、ユーザーがデートを控えており、その際に着ていく洋服を購入してくれる可能性はあります。しかし、「属性としては合っていても、その検索を実施するタイミングでは商品を購入しない」ということもありえます。この場合、キーワードの額面どおりで考えると、検索している時には最適なデート先を探しているはずで、その際に着ていく洋服はいったん後回しの可能性が高いためです。こうした「ユーザーの属性は近いが、別のニーズをもって検索している」潜在層向けのキーワードは、1位をとれたとしても、そこから得られるコンバージョンは少なくなる傾向があります。

▼ユーザー属性は合っているけど、タイミングが合っていない

サービスの検討ユーザーのキーワードで1位

上記の反省をふまえて、商品に関するキーワードで1位を獲得したとします。しかし、その場合でも必ずしも成功するわけではありません。それは、「ユーザーの検索がそこで終わらない」可能性があるからです。

先ほど例として上げた「ジャケット」というキーワードですが、最初はざっくりと「ジャケットを買わないと」と考えていた人も、実際に商品一覧を見たり、検索をしたりする中で、次のようにニーズが細分化されることがあります。

●「グレー ジャケット」のように、色を探す

- 「ビームス ジャケット」のように、ブランドを探す
- 「ジャケット オーダー」のように、別軸のニーズが発生する

「ジャケット」単体だけでなく、関連するキーワードもあわせ、「ジャケット」ジャンルという面で1位を取れていればいいのですが、肝心なキーワードを取りこぼしていると、検索を続けるユーザーからのコンバージョン（ユーザーにしてほしい最終的なアクション、ここでは商品購入）を失うことになります。

▼ユーザーの検索は想像よりも複雑

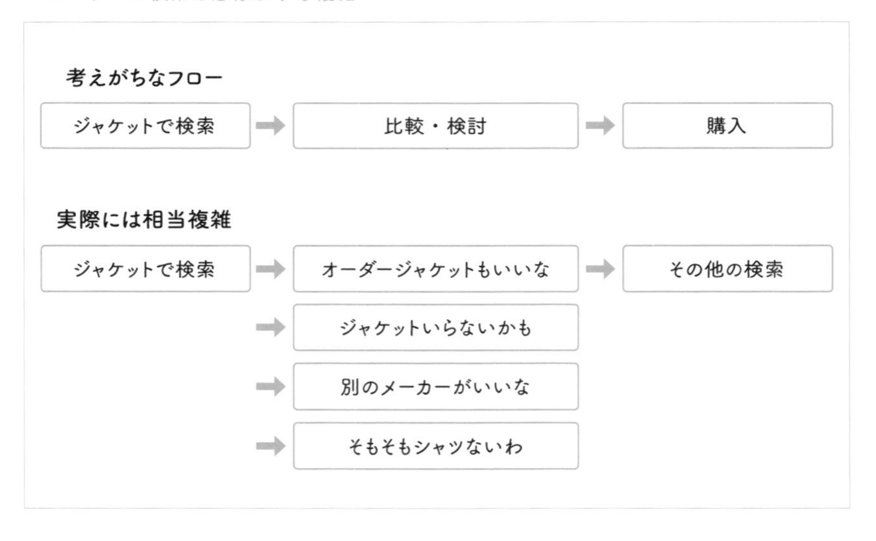

こうした失敗は、検索ボリュームのみに注目してSEOをおこなうと起きがちです。コンバージョンに近い検索はニーズごとに分かれ、総じて検索ボリュームが小さくなるため、「検索ボリュームが多いものが最適」という発想で検討していると、優先度が低くなるからです。

紹介した2つの例は、戦略として狙うことは全然ありえるキーワードです。

しかし、1位をとった際に思い描いている成果と現実に獲得できる成果にギャップがあります。成果が「1位を取るために払ったコスト」に合わなくなると、「1位をとったけど、なんだかうまくいっていない」という事態に陥るのです。

このように考えると、「検索結果を1位にする」ことは目的ではなく、手段であることがわかります。1位は「そのキーワードで検索するユーザーがより多く閲覧する状態」にすぎず、そこから商品購入やサービス登録などの目的につなげることを意識するのがポイントなのです。しかし、SEOに取り組んでいる間に、目的が「このページで1位を取るためにSEOに取り組む」ことへすり替わってしまうことは非常に多いです。

▼目的がすり替わってしまう

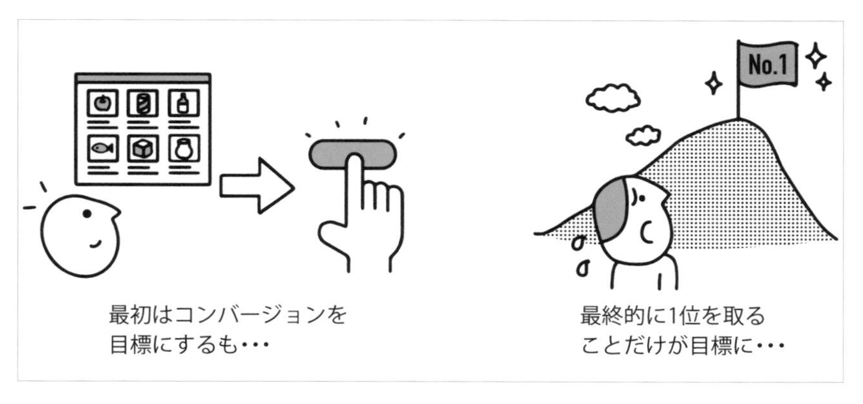

いろいろと回りくどい話をしてしまいましたが、「何のためにSEOに取り組むのか？」は、常日頃意識しておいてください。SEOに取り組めば、必ず売上や問い合わせが増えるわけではありません。SEOの目的を意識しないで闇雲に1位を狙っても、コンバージョンにつながらないことはめずらしくありません。

SEO経由でビジネスに貢献したいのであれば、

- 目的のアクションをとってくれるだろうユーザーが検索しているキーワードを狙う
- ターゲットキーワードは変えずに、その検索を実施するタイミングで狙うことができる、ほかのアクションを取ってもらえるように調整する

など、ユーザーの状態に合わせたキーワードの選定とコンバージョンのポイントを考える必要があるのです。

たとえば、先ほどのデートに関するキーワードであれば、「店の雰囲気にあったコーディネート」「水族館デートで彼氏ウケするコーディネート」など、文脈に合わせた商品紹介をするとコンバージョンにつながりやすくなるでしょう。

「どうすれば1位にできますか？」に対する答え

1位にする方程式はないが、指針はある

「1位にすることは手段にすぎない」とさもかんたんそうに言った前節ですが、1位にすることはかんたんではありませんし、何かをすれば1位になるという方程式もありません。

その理由は、検索エンジンの仕組みと、そのランキングのアルゴリズムにあります。

Googleの公式ヘルプであるGoogle検索セントラルには、検索結果を返すために数多くの要素から判断されるということが記載されています。

> ユーザーが検索語句を入力すると、インデックスで一致するページが検索され、関連性が高く高品質であると判断された検索結果が返されます。関連性は、ユーザーの所在地、言語、デバイス（パソコンまたはスマートフォン）などの情報を含め、数多くの要素によって決まります。たとえば「自転車修理店」を検索した場合、パリのユーザーと香港のユーザーには異なる検索結果が表示されます。

https://developers.google.com/search/docs/fundamentals/how-search-works?hl=ja

第1章 第2章 第3章 第4章 第5章 第6章 第7章 第8章 第9章 第10章

1つの施策に取り組んだとしても、それで順位が改善されるわけではないですし、仮にその施策がうまくいったとしても、本当にその施策のおかげかはわかりません。要は、施策と成果の因果関係が明確ではないのです。リスティング広告などは、広告費を増やせば表示回数も増えていくことが多いのですが、SEOにおいては「こうすれば改善される」という施策はほとんどありません。

そんな中、SEOで唯一指針としてほしいのが、「ユーザーの検索意図（インテント）」です。検索意図とは、「何らかの課題を解決したい」「質問の答えを得たい」「特定の製品やサービスについて知りたい」など、ユーザーが検索をおこなう背後に存在する目的や目標のことです。よくあるのは図に記した分類です（必ずこの3つに分割できるわけではない点に注意してください）。

キレイごとのように聞こえるかもしれませんが、検索アルゴリズムはユーザーが探している結果を、より精度高く返せるように作られています。そのため、ユーザーがどういった情報を探していて、それに対しどのような回答を出すべきかを考えることは、高順位獲得への近道でもあるのです。

▼検索意図のよくある分類

●**トランザクショナルクエリ（取引型）**

「PC 通販」「牛タン お取り寄せ」など、何かの商品を探して購入したい

●**ナビゲーショナルクエリ（案内型）**

「Amazon」や「ヤフー」など、特定のサイトを探したい
（いわゆる指名検索キーワードに相当）

●**インフォメーショナルクエリ（情報型）**

「SEO とは」「家庭教師 選び方」など、悩みや課題を解決する情報を知りたい

先ほども述べたように、ユーザーの検索はかんたんに3分割できません。たとえば、商品を探す検索でも、今すぐに欲しくて検索している場合もあれば、「すぐには購入しないけど、少し気になるので検索していた」というケースが考えられます。検索をして目的を果たすまでの時間軸が人によって異なるという点も、ユーザーの検索意図を把握することを難しくする1つの要因になります。

また、悩みや課題を解決するために検索した際に、内容をテキストで知りたいのか、それとも動画などで知りたいのかは、人によるでしょう。特に、「レシピ」「やり方」などの検索は、人や状況によって大きく変わります。「実際に作業をしながらであれば、テキストと画像で自分のペースで見たい」という人もいますし、「動画や音声で手を止めることなく見たい」という人もいるはずです。

このように、先ほどの3分類だけで検索意図を把握した気にならずに、「なぜ、ユーザーはその検索をおこない、どんなことを知りたいのか？」をしっかりと考え抜く必要があります。

もちろん、検索意図に「絶対にこれ！」という正解はありませんし、同じ検索キーワードでも意図が違うということも多々あります。そのため、「ユーザーはこういう目的で検索していて、こういう風に情報を見たいのでは？」という仮説をもって、検索意図を考えることがポイントになります。この仮説思考の重要性は第2章で説明するので、ぜひ覚えておいてください。

▼ただしユーザーの検索はかんたんに3分割できない

「良いコンテンツを作れば順位はついてくる」わけではない

ただし、ユーザーにだけ配慮すればいいわけではありません。コンテンツを見るのはもちろんユーザーですが、検索結果を生成するのは検索エンジンです。そのため、コンテンツを検索エンジンが認識できるように作成することが重要であり、検索エンジンの仕組みや動向を理解することもSEO成功のポイントと言えるでしょう。

ここでいう検索エンジンの動向とは、小手先のテクニックではありません。Googleがどのようなページを上位表示させているかという点から、目指すコンテンツの方向性を考えたり、Googleのアルゴリズムを人間によって評価する際に使用する「品質評価ガイドライン」やGoogle社員やGoogle公式Twitter（現X）などから傾向をつかむ、という話です。

一番わかりやすいのが、YMYLとE-E-A-Tの概念です。どちらも、Googleの「品質評価ガイドライン」内で定義されています。

YMYL

YMYLはYour Money or Your Lifeの略で、「その情報を読むことで、その人の資産や人生に影響を与えうる領域」を指します。健康や安全、財産、社会などが該当します。たとえば、病名で検索し、上位表示されているサイトを見ると、病院や公的機関が運営するサイトが中心であることがわかります。

こうした領域では、近年Googleは、検索結果に表示するサイトをかなり厳しくしており、内容が有益であることは当然とし、発信元の信頼性を評価する動きが見られます。

E-E-A-T

E-E-A-Tは以下の頭文字をとった言葉で、ページの品質を判断する際に考慮されるポイントです。

- Experience（経験）
- Expertise（専門性）
- Authoritativeness（権威性）
- Trustworthiness（信頼性）

図のように、信頼性を頂点とし、「経験をもとに作成されているからそのページは信頼できる」のように、信頼の担保にその他の概念があるとわかりやすいでしょう。

▼E-E-A-T

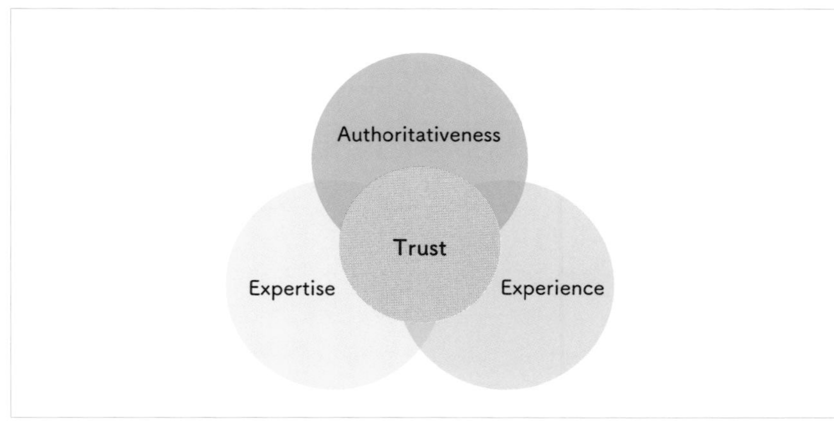

※Google検索品質評価ガイドラインの図をもとに作成

E-E-A-Tは、分野を問わず、SEOにおける非常に重要な評価基準です。E-E-A-Tが備わっていないページは、読んでも検索意図が満たされない可能性が高いためです。E-E-A-Tは、特にYMYL領域で大切になります。先ほど説明したように、YMYL領域では誤った情報が人生にマイナスの影響を及ぼす可能性があるためです。

このようにGoogle公式ドキュメントや発言などを押さえると、Googleがどういったコンテンツがユーザーの役にたち、評価されるべきと考えているのか見えてきます。

SEOは基本的にGoogleというプラットフォームありきで実施されるため、このようなGoogleの傾向を理解しないと、いつまでも順位がつかないこともありえます。「良いコンテンツだけ作っていれば、順位はついてくる」といったキレイごとだけではなく、しっかり検索エンジンを理解することが大切になります。

とはいっても、こうした検索エンジンの動向をいきなり理解しようとするのは大変です。しっかり追うとなると英語のニュースを毎日追いかける必要があります。いくつかのキーワードで検索結果をウォッチし、自分でも順位変動を把握する必要もあるでしょう。また、「こうしたら順位が上がった」という話をTwitter（現X）で見たとしても、その話が正確かどうか判断するのも難しいです。

よって、最初は欲ばらずに、Google検索セントラルブログやGoogle公式Twitter（現X）などを参考にするといいでしょう。そうすることで、情報の正確さに関しては気にする必要はなくなるためです。いきなりディープな情報や、「〇〇したら順位改善した」のような眉唾ものの話をウォッチするのではなく、最初は信じられる情報ソースを参考にしながら、コンテンツの改善に取り組むのが現実的です。

第2章

SEOに取り組むには何が必要？

SEOに必要なスキルは仮説思考

SEOで成果を出すために必要なスキルはたくさんありますが、多くは実際に取り組んでいく中で身についていくものです。とはいえ、1点だけ意識的になっていただきたいポイントがあります。それが「仮説思考」をもってSEOに取り組むということです。

ここでいう仮説思考は「○○なのは、××だからではないか。よって△△すれば、改善するのではないか」と考えるイメージです。つまり、行きあたりばったりではなく、常に「なぜその施策を実行するのか？」という問いに対する回答をもって臨んでほしいのです。

明確な答えがない、だから仮説が必要

この仮説思考が欠けていると、SEOでは成果が出ません。「絶対に出ない」と言いきってもいいかもしれません。というのも、SEOに取り組むうえで考える以下のような項目には、明確な答えがないためです。

「問い合わせを獲得するためには、どのようなキーワードで1位をとればいいか？」
「そもそも、問い合わせしてくれる人にはどんな課題があるのか？」
「その課題を解決するために、どのようなキーワードで検索しているのか？」
「そのキーワードで調べるユーザーは、どんなタイトルであればクリックして

くれるのか？」
「どういう内容であれば、そのキーワードで1位をとれるのか？」

もちろん仮説を立てなくても、最初のトライで成果が出ることもありますが、施策の打率が10割になることはありません。うまくいかなかった時こそ、

「ユーザーはこの情報だけでなく、別の情報を必要としていたのかもしれない」
「では、次はこのキーワードをトライしてみよう」

など、PDCAサイクルを回していく必要があるのです。
1つ例を挙げましょう。

「クレジットカード」という検索キーワードで1位をとりたいのですが、ここしばらく2ページ目で停滞してしまっています。
自社のコンテンツはクレジットカードという言葉の意味を解説したもので、上位にはクレジットカード会社のページや、クレジットカードの比較コンテンツが表示されています。

このサイトが2ページ目で停滞してしまっているのはなぜでしょうか？
実際に考えてみてください。

考えられましたでしょうか。
まさに正解はないのですが、いくつか考えられそうな内容を記載してみます。

回答例1：上位表示されやすいコンテンツと自社のコンテンツが合っていない

上位表示しているコンテンツと、自社のコンテンツのタイプが違う。ということは、ユーザーはクレジットカードの意味はすでに理解できていて、クレジットカードを手に入れたいとか、比較したいと考えている。つまり、今のコンテンツを磨いても上位表示は難しいので、新しく比較コンテンツを作ったほうがいい。

▼テーマが違う

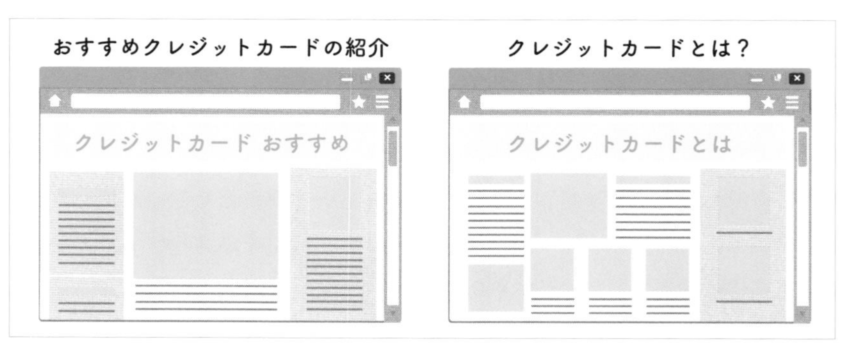

回答例2：自社のコンテンツが磨ききれていない

クレジットカードの意味を解説したコンテンツだが、まだまだ内容にブラッシュアップできる点があるのではないか。たとえば、どういった基準で選ぶべきか、決め手を紹介するテキストを追加するなど、単純な意味だけではなく、クレジットカードというものを理解するために、より網羅的なコンテンツにするべき。

▼内容に差がある

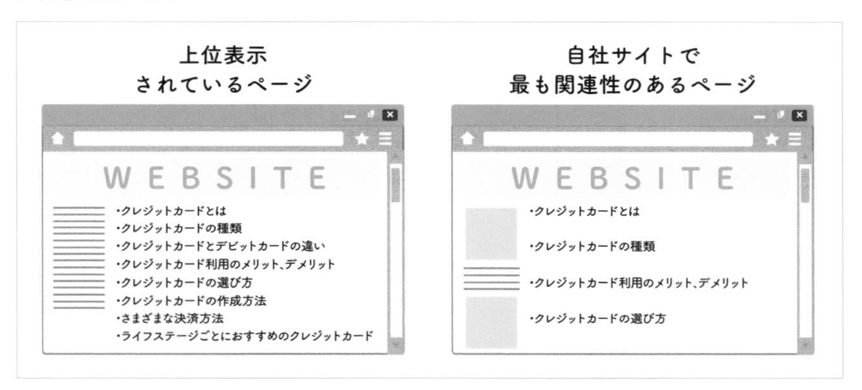

ほかにも、被リンク数や、サイトの使いやすさの改善なども考えられそうですね。

このような形で、改善したい数値に対し、どのような課題があり、それはどのように対処すると改善されるのかを考えるのがSEOのポイントになります。

もちろん1回ではうまくいかない時もありますが、なんとなく施策を実施するのではなく、仮説を持つことで、2回目以降の施策成功へのヒントを得ることができます。なんとなくで施策を実施してしまうと、時間が経った際に同じような施策を再度実施することにもなりかねません。

仮説を立てることは効果検証にも有益

その施策を実行した後は、本当に効果があったのか、効果検証が必要になりますが、その際にも仮説思考は有益です。仮説がないと、何のためにおこなった施策かが曖昧になり、効果検証が難しくなります。

「効果検証は成功したか、失敗したかくらいでいいのでは？」

と思うかもしれませんが、上司や経営層にいつ施策の費用対効果を尋ねられるかわかりません。仮に効果がなくとも、まっとうな仮説に対する施策であればそこまで追求されませんが、雑に施策をおこなったと思われれば、予算縮小につながることも考えられます。自分の身を守るためにも、仮説思考は重要なのです。

こちらも実際に考えてみましょう。

「クレジットカード」で1位をとっているページで、現在コンバージョンが月に30件発生しています。そのほかのデータは以下のとおりです。

セッション数※　75,000
申し込みページ遷移率　0.2%
申し込みページ通過率　20%

このデータから、改善すべき問題点（指標）と、その際の仮説を答えてください。

なお、サイト全体の平均申し込みページ遷移率は0.5%です。

※ユーザーがWebサイトを表示してから離脱するまでの一連の流れを指し、サイトの流入状況を判断する重要な指標

考えられましたでしょうか

今回の問題点はわかりやすいですね。申し込みページ遷移率が、サイト全体の平均申し込みページ遷移率に比べ、0.3%低いことが問題と考えられます。

問題点が見えてくれば、仮説もいろいろと考えられます。

- 遷移するためのボタンの数が少ない、もしくは目立たないのでは？
- ユーザーがクリックしたいと思える位置に設置できていないのでは？
- 読者におすすめしているクレジットカードの種類が合っていないのでは？

あらためてになりますが、SEOではアルゴリズムやユーザーニーズといった、正解のない問題に立ち向かいます。そのため、仮説とその仮説に対する適切な施策、そしてそれがうまくいったのかを判断する効果検証が必要になるのです。この仮説～効果検証の流れは、最終的には無意識にできるようにしましょう。

成果が出るまでの期間はバラつくことを理解する

検索エンジンはすぐに結果に反映してくれない

SEOはほかの施策に比べると成果が出るまでに時間がかかりやすいことは、確実に押さえておいてください。時間がかかる理由の1つとしては、検索エンジンの仕組みが関わってきます。

そもそもWebページが検索結果に表示されるためには、検索エンジンに「インデックス」してもらう必要があります。インデックスとは、Webページを検索エンジンのデータベースに登録することです。Webページは、インデックスされてはじめて、検索結果に表示されるようになります。

そして、インデックスされるためには、検索エンジンがそもそものURLを見つける「検出」という作業と、その検出したURLがどのようなページかを把握する「クロール」という作業が必要になります（このあたりは第7章でも解説します）。

検索エンジンのリソースは有限であり、すべてのページをインデックスすることはできません。クロール・インデックスに関してはサイトごとに優先度のようなものが割り振られているため、新規のサイトの場合はなかなか検索結果に表示されないということが起きがちです。

また、昨今のSEOでは「ドメイン」も大きなポイントです。だれもが知っているような会社のドメインで、その会社のサービスと同じテーマでページを公開すれば、（キーワードにもよりますが）順位はつきやすいですし、最低限、クロール、インデックスまではスムーズに進むことが大半です。

一方で、完全に新規のドメインで運用する場合には、そもそもの評価がつくまでに時間がかかります。そのため、「そもそも成果が出ない」「費用対効果に見合うようになるまで数年かかる」という場合もざらにあります。

コンテンツやデザインを作るのに時間がかかる

Webページが検索結果に表示されるようになったからといって、流入数が急に増えるわけではありません。流入数が増えるには、多くの人にクリックされる必要があり、そのためには上位表示させる必要があります。
「上位表示には良いコンテンツが必要である」とよく言われますが、良いコンテンツはすぐに作成できるわけではありません。この後に紹介するキーワード調査から始まり、ユーザーのインテント調査（何を知りたい、何をしたいなどの検索意図のこと）をおこない、その内容をページ構成に落とし込み、そしてコンテンツにしていく作業が発生します。

さらに、良いコンテンツだけ作っていれば順位が上がるわけでもありません。外部リンクの獲得、内部リンク設計、そもそも対象にするべきキーワードの領域の検討など、やることが多いのも事実です。また、オリジナル画像の作成や、コンバージョンを生むための導線の検討にも時間がかかるでしょう。

このように、SEOはコンテンツ制作、そして作ったコンテンツがクロール～インデックスされる時間、その他諸々の段階を経て世に出るため、かなり時間がかかるのです。これは、出稿すれば比較的早くユーザーの目に入るWeb広告との大きな違いになるでしょう。

▼SEOは時間がかかる

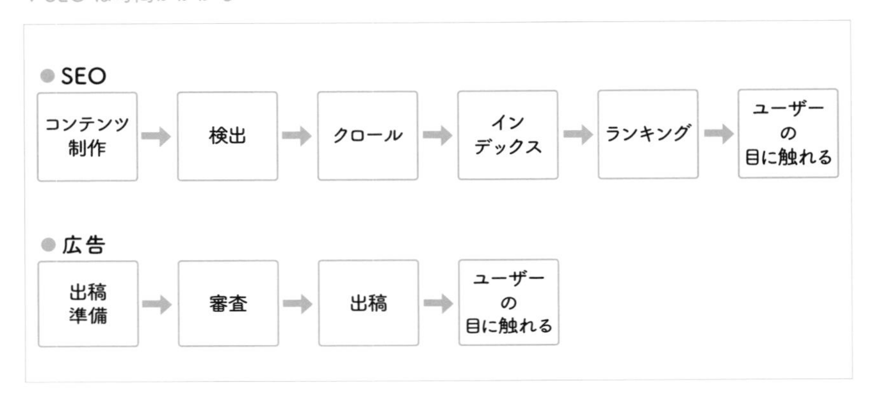

SEOの成果が出るまでの期間はどれぐらいか

　このような前提をふまえて、いくつかのパターンでSEOの成果が出るまでの期間を検討してみましょう。基本的には、次の要素がポイントになります。

- ドメインの強さ
- 新規ページか、既存ページ中心か
- テーマ性
- 競合性

ドメインの強さ

　ドメインの強さというものを厳密に図ることはできないので、私は業界内での認知度やシェア、そして運用歴などを考えるのをオススメしています。要は、トップシェアなどよく知られている会社のドメインであれば基本的にはプラスに働きますし、ほとんど知られていない企業のドメインであれば評価が付きにくい、というイメージをもっていただければと思います。

このような仕組みの背景には、外部リンクが関わってきます。外部リンクとは、その名のとおり、ほかのサイトから貼られたリンクのことを指します。検索エンジンの評価システムの基本思想は「良い論文」の考え方と似ています。良い論文ほど参照・引用されるように、良いサイトであれば外部リンクを獲得していると考えているのです。因果関係とまではいきませんが、業界内での認知度が高ければ、何らかの形でサイトで言及されることが多く、被リンクを獲得していることが多いため、ドメインも強くなる傾向にあります。

もちろん、リンクの量だけで順位が決まることはなく、サイト同士のテーマの関連性や、リンクを貼ってくれるサイトのドメインの強さなども影響します。闇雲にリンクを獲得したり、お金を出してリンクを獲得したりするのはやめましょう。特に後者は、手動対策という、検索結果にサイトが表示されなくなるペナルティをGoogleから受けることもあります。

新規ページか、既存ページ中心か

新規ページを作成する場合は「そもそもインデックスされるか？」という話が出てきますし、評価を0から獲得することになるため、既存ページの改善に比べると時間がかかることが多いです。一方で、既存ページの改善であれば、すでにインデックスされていることも多く、評価もある程度は積み上がっていることもあるため、効果が1～2週間で出ることもめずらしくありません。

また、新規ページだとしても、それなりに運用されているサイトで公開された場合は、順位がつくまでに時間がそこまでかからないこともあります。一方で、完全に新規で立ち上げたサイトを公開した場合には、順位がつくまでに3ヶ月以上かかることも多いです。

テーマ性、競合性

テーマ性や競合性も重要なポイントになります。第1章で紹介したようなYMYL領域のテーマでコンテンツを0から制作するとなると、満足な自然検索流入（検索エンジンから有料の広告を介さないでサイトにアクセスすること）を獲得するまでに数年単位でかかることもあります。多くのサイトで上位表示を狙っているような競合性の高いキーワードで上位表示を狙う場合も時間がかかります。どちらも、最悪の場合はいつまでも1位をとれないこともあります。

▼SEOの成果が出るまでの目安

①新しいドメインでオウンドメディアを立ち上げる場合
効果が見え始めるまで：半年～1年
期待した効果が出始めるまで：2～3年
②既存ドメイン内で、類似テーマのオウンドメディアを立ち上げる場合
効果が見え始めるまで：約3ヶ月
期待した効果が出始めるまで：半年～1年
③既存のドメインですでに制作済みのサービスページを改善する場合
効果が見え始めるまで：2～3週間
期待した効果が出始めるまで：1～2ヶ月
④新しいドメインでサービスページを立ち上げる場合
効果が見え始めるまで：1～2ヶ月
期待した効果が出始めるまで：半年
※狙う領域やリソース状況によって大きく変わりますので、あくまでも参考程度で。

このように、SEOといっても、成果が出るまでの時間には差があり、第4章で説明する予算獲得などにも大きく影響されます。ここでは、なんとなくでかまわないので、想定を立ててみてください。

どういう流れで対策していけばいいかを把握する

ここからは、実際のSEOの流れを見ていきましょう。

①必要なページを考える
②ユーザーがページにたどりつきやすいように設計する
③ページを作成する
④定期的に見直しながら改善する

①必要なページを考える

サイト内に必要なページを考える際には、サービスを販売するうえで必要なページだけでなく、ユーザーがどのようなページを必要としているかを考える必要があります。
まずは、以下の2点の情報を集めるところから始めてみてください。

①過去にどのような問い合わせ、相談があったか？
②ターゲットユーザーがどのようなニーズをもつと考えられるか？

これらをまとめることで、ユーザーがどのような情報を求めているかがイメージしやすくなり、それに伴い必要なページも見えてくるはずです。

次に、「実際にどのようなキーワードで検索されているか」を調査してみてください。調査はなるべく自社サイトだけでなく、競合サイトも調査するといいでしょう。自社サイトにGoogle Search Consoleというツールを導入していれば、どんなキーワードで検索され、表示されたかを確認することができます。

他社のサイトがどんなキーワードで検索されたかを調べるには、AhrefsやSemrushといったSEOツールを導入する必要があります。有料ではありますが、他社の状況を推測したり、比較したりするのに有用なので、自分たちだけでSEOに取り組む場合には導入を検討してみてください。

▼ Google Search Console

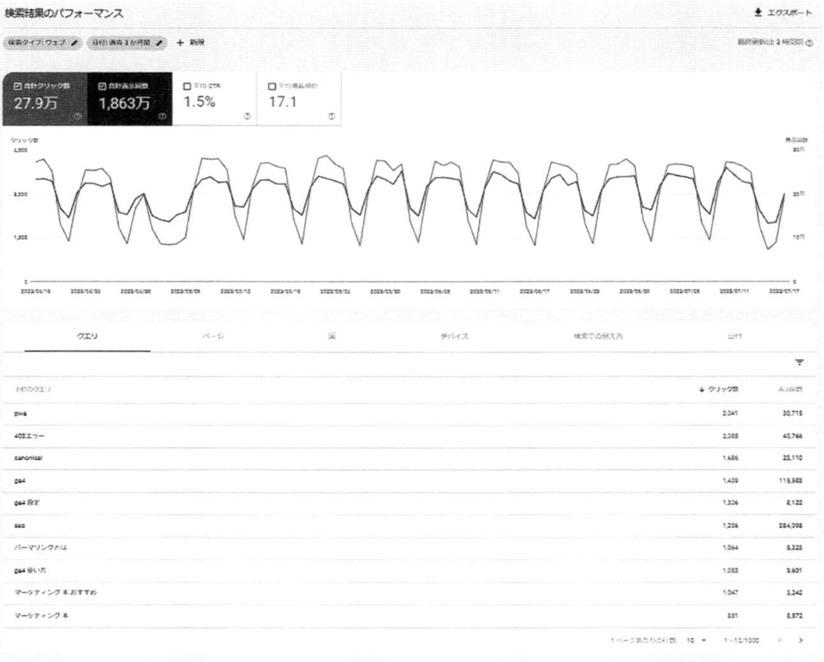

②ページ作成の優先度を検討する

①で検討したページのすべてを作成できればいいのですが、現実問題としてそんなリソースはないはずです。そこで必要なのが、優先度を決めることです。

優先度を決める方法は多数ありますが、ここでおすすめしたいのが、顕在層向けのページから作成するということです。ここでいう顕在層向けのページとは、商品、サービスページやよくある質問をまとめたページのほかに、事例などのページをイメージしてください。要は、商品・サービスの購入、導入を検討している人向けのページのことです。

ユーザーは、興味や課題を抱えたうえで、それを満たす方法を探し、それらを比較しながら、最終的に決めていくという流れで商品やサービスを選びます。どんなユーザーでも商品やサービスのスペックやレビューなどの情報は確認するため、まだサービスを知らない人の集客に力を入れる前に、すでにサービスに興味のある顕在層向けのページを作成するほうが効率がいいのです。

サイトに訪問したユーザーにとって検討に必要な情報がある程度揃ったら、潜在層向けのページの作成に進んでください。その際も、前章で解説したように検索ボリュームだけでキーワードを選ぶのではなく、商品購入やサービス登録などの目的につながるキーワードを念頭に、作成するページを選定してください。

③ページを作成する

優先度が決まったらページ制作に進むわけですが、1つの鉄則を押さえてください。

「このページを見たユーザーが満足するか？」

これは、SEO に取り組む、取り組まないに関係なく重要なことです。
そして、ユーザーが満足するかを考えるためには、ユーザーがそのページで何を知りたいか、何をおこないたいかを考える必要があります。

▼ユーザーのニーズにあわせて構成を作成する

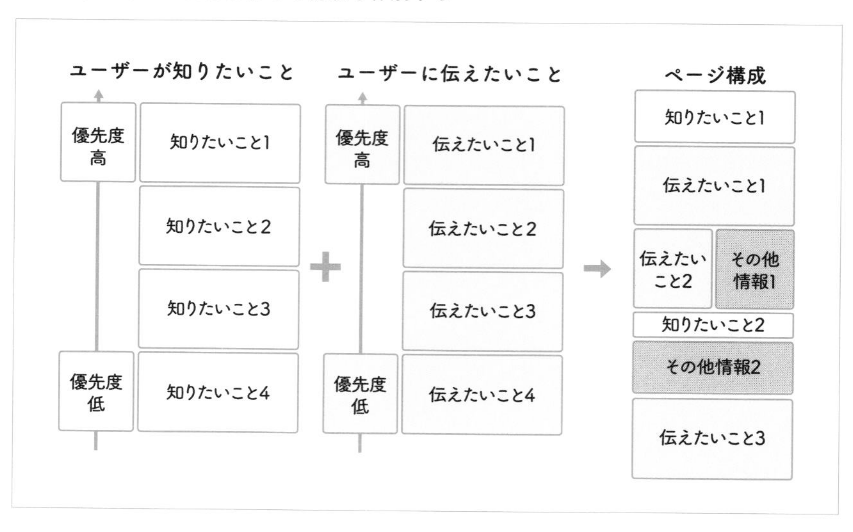

考えたうえで、それが実現されているページの作成を目指してください。
いくつか例を挙げてみましょう。

ユーザーの知りたいこと「商品を購入する際のあれこれ」

【ページに載せるべきこと】

- 利用可能な決済方法
- 商品の発送方法やかかる時間
- 商品の返品方法
- クーポンの使い方
- 会員登録の必要性

ユーザーの知りたいこと「サービスの価格」

【ページに載せるべきこと】

- サービスの価格
- 何が含まれているのか／何をやってくれるのか
- 値上げや値下げなどの例外はあるのか
- それらの条件
- 税込みか税抜きか
- 具体的な事例
- 費用のシミュレーション

ユーザーの知りたいこと「SEOとはなにか」

【ページに載せるべきこと】

- SEOという言葉の意味
- なぜSEOに取り組む必要があるのか
- SEOに取り組むメリットやデメリット
- 検索エンジンの仕組み
- 最新SEOのトレンド
- SEOの事例

このように、どのような情報が掲載されていればユーザーは満足するのかを書き出してみるとイメージがしやすいでしょう。

もちろん、順番や書き方、図版・動画の有無も重要です。SEOとはなにか知りたい人にいきなり検索エンジンの仕組みから説明してもわかりにくいですし、パソコンの修理方法を調べている人に画像や動画なしで説明するのは無謀でしょう。

そして、忘れてはいけないのが検索エンジンの存在です。ここまでユーザーのことだけを考えてページ制作を進めてきたので、最後に検索エンジンフレンドリーに仕上げていきましょう。といっても、特別なことは必要ありません。基本的には以下のポイントを意識してください。

- ページのタイトル、メタディスクリプション（ページの内容を要約したテキスト）は、ユーザーが検索するキーワードに対応しているか？
- ページ内にもユーザーの検索するキーワードが含まれているか？
- h1、h2などの見出しタグに、ページ内容やその段落を表すキーワードが含まれているか？
- 画像のaltタグには画像の説明を入れてあるか？
- そもそも検索エンジンがそのページを見つけられるか（内部リンク、外部リンクはあるか）？
- 検索エンジンがそのページを表示（レンダリング）できるか？

まずユーザーに目を向け、その後検索に対応しやすいように上記の観点でチューニングすることができれば、基本的なSEOとしては十二分といえます。

④定期的に見直しながら、改善する

SEOに限らず、ページは一度作成したら終わりではありません。仮説検証の重要性を説明したように、あくまで「ユーザーはこんな情報が必要なのでは？」という仮説に対する施策を1回実施したにすぎないのです。

よって、ユーザーのページ上の動きを可視化できるヒートマップツールや、Googleアナリティクスのような分析ツールなどを使って、本当にユーザーが満足する行動をとっているかを確認する必要があります。もちろん、直接ユーザーに聞くわけではないので、これもまた1つの仮説ではあるのですが、何度か調整を加えていくことで、よりユーザーが必要とするページになっていくのです。

▼ヒートマップ

もちろん、SEO観点での見直しも重要です。順位がなかなかつかない場合には、次の点を中心に確認し、調整するといいでしょう。

- 検索キーワードから推測されるユーザーニーズとページ内容に乖離がないか？
- ユーザーはブログではなく商品の一覧ページを見たいのではないか？
- そもそもインデックスされているか？

また、「狙ったキーワードでは順位がついていないけど、その他のキーワードで順位がついている」ということもあります。Google Search Consoleなどで流入キーワードを確認することも忘れないでください。

　このように、SEOだからといって、特別なことを意識しすぎる必要はありません。まずはユーザーに目を向け、その後に検索エンジンを意識し、定期的に改善すればいいのです。

なぜSEOでキーワードが大事なのかを理解する

SEOでキーワードが重要になる3つの理由

ここまでに何度も出てきましたが、SEOにおいて欠かせないのが「キーワード」です。ここでいうキーワードは、ユーザーが検索する際に入力するテキストのことを指し、「スマホ おすすめ」「Yahoo!」などにあたります。

なぜ、SEOにおいてキーワードが重要なのでしょうか。大きく3つ理由があります。

①SEOの数値の起点になることが多い
②ユーザーニーズ把握の手がかりにしやすい
③コンテンツ制作や施策の対象として管理しやすい

①SEOの数値の起点になることが多い

音声検索や画像、カメラを用いた検索方法なども増えてきていますが、まだまだキーワードを入力する検索手法が圧倒的に多いです。そのため、SEO対策の現場でも、月間の検索回数を意味する検索ボリュームを確認することが多くなります。

とはいえ、検索ボリューム＝自然検索流入数となるわけではありません。

検索結果での表示回数×クリック率（CTR）＝自然検索流入数

ここでいう表示回数は、検索ボリュームと似ている指標です。しかし、あくまでも検索結果に表示された回数ですので、順位が低い場合にはそもそも表示されないということもあり、似て非なるものです。

そして、クリック率もキーワードやデバイスなどによって大きく変わることを理解しないといけません。たとえば、キーワードによって検索結果にリスティング広告が表示されることがあれば、画像が表示されることもあります。また、同じ10位でも、スマホとパソコンでは表示されるまでの長さも違います。

このようなことをふまえると、シミュレーションを正確に運用するのは不可能であることがわかると思います。対象のキーワードで上位表示に成功していれば、確実にそのほかのキーワードでも検索結果に表示されますし、クリック率は順位だけでなく、前述のとおり表示される広告の数などにも左右されるからです。

とはいえ、毎回「成果出るかわからないけど、作ってみよう！」だけでページを作成できるほど世の中甘くもないので、ある程度の見込みにはなります。具体的には、売上にどの程度貢献するかを把握するために試算することが多いです。

私が運営に携わるメディア「ナイルのSEO相談室」を例にシミュレーションを作成してみましょう。今回は以下の条件で考えてみましょう。

- キーワード　→　メディア とは
- 検索ボリューム※1　→　1000
- 想定獲得順位　→　3位以上
- 順位CTR※2　→　10.20%
- その他検索エンジンで獲得できる係数※3
  →1.3（直近1年の数字から算出）
- その他のキーワードでの獲得係数※4　→　1.5（仮置き）
- ブログランディング時CVR※5
  →1%（直近1年の数字から算出）

※1　そのキーワードが月間検索された回数。
※2　獲得順位における平均CTR。1～3位以上獲得キーワードのクリック数/表示回数で算出。自社のサーチコンソールの平均データを参照するか、「SEO 平均CTR」などで検索し、表示されたものを参考にする。
※3　Google以外の検索エンジン（Yahoo!、Bingなど）で獲得できるセッションを計算するための係数。あくまでも仮の数字でしかないので、直近1年の数字などを参照するといい。
※4　そのキーワードが上位表示された時に、その他上位表示されるキーワードから獲得できるセッションを計算するための係数。キーワードや検索結果の影響を強く受けるため、仮にしかならず、1.2～2.0の数字を仮置きすればいい。
※5　そのページにランディングした際のコンバージョンレート。ブログ、商品詳細ページ、一覧ページなど、ページテンプレートごとに分けて見ることを推奨。

獲得セッション、獲得コンバージョンは、それぞれ以下になります。

● 獲得セッション

＝検索ボリューム×順位CTR×その他検索エンジンで獲得できる係数
×その他のキーワードでの獲得係数
＝1000×10.20％×1.3×1.5
＝198.9

● 獲得コンバージョン

＝定獲得セッション×ブログランディング時CVR
＝198.9×1％
＝1.989件

今回のシミュレーションでは、月間検索ボリューム1000のキーワードで3位以上を獲得できると、約2件コンバージョンが発生することがわかりました。

少し数字を調整してみましょう。

1位を獲得する前提にすれば、このサイトの場合、順位CTR（Click Through Rate：クリック率）が28.93％まで上がるため、5.6件までコンバージョンを見込むことができます。

また、順位は据え置きにして、CVR（Conversion Rate：コンバージョン率）の改善に取り組み、1.3％まで改善を目指すとすれば、2.586件のコンバージョンを見込むことができます。

このように、現状の数値や、現実的な数字を元に数字を算出し、そこから少しずつ数字を調整していくことが、シミュレーションを少しでも妥当な数字にするためのコツと言えます。

②ユーザーのニーズを把握する手がかりになる

キーワードは、ユーザーのニーズを把握する手がかりにもなります。たとえば、「マウス」「マウス おすすめ」などのキーワードでは、ユーザーが何を探しているか、詳細にはあまりわかりません。「マウス」がそもそもPC機器を指していない可能性もありますし、「マウス おすすめ」も具体的にどのようなものをおすすめとして知りたいかはわかりません。

一方で、「マウス つかみ持ち おすすめ」「マウス トラックボール おすすめ」などのキーワードであれば、先ほどよりもユーザーが知りたいことがわかるはずです。さらに「マウス トラックボール 小型 おすすめ」まで詳細な検索であれば、ユーザーのニーズはかなり特定できるはずです。少なくとも、これでPC機器以外のマウスを指していることがないのは明らかなはずです。

もちろん、キーワードだけで、ユーザーが何を探しているか把握するのは不可能ですが、手がかりにする分には活用できるはずです。

③コンテンツ制作や施策の対象として管理しやすい

実際にSEOでは、次のようにキーワードを起点に話が進むことが多いです。

①キーワードを選定する
②そのキーワードを検索するユーザーの意図を考える
③それを満たしたコンテンツを制作する

こういった流れで進めることで、SEOでよく起きる「カニバリゼーション」（同じキーワードをターゲットとしたページの作成）を防ぎやすくなります。同じキーワードをターゲットにしてしまうと、限られたリソース内で非効率的ですし、検索エンジンがどちらのページを上位に表示すべきか判断がブレることにもつながるため、特に理由がない場合は避けるべき事象です。

また、ユーザーのニーズに対応するページを作成するために、1コンテンツ1キーワードを方針として作成する場合は、選定したキーワード数=コンテンツ数とカウントすることができ、その領域のテーマを網羅するためには何コンテンツ必要か計算することもできます。

SEOでまず取り組むべき「指名検索最適化」

指名検索は通常の検索よりもCVRが高いことが多い

特に上位表示を目指して取り組んでいただきたいのが「指名検索」です。指名検索とは、サービスや個人名など、ある特定のものを意識した検索です。たとえば、以下のようになります。

- 会社名　→　「ナイル株式会社」「ナイル」
- サービス名　→　「Appliv」「定額カルモくん」
- 個人名　→　「青木創平」「ナイル 青木」

ユーザーは、このような指名キーワードは会社やサービスなどに興味をもっていないと検索しません。通常マーケティングでは、まず認知してもらうことから始めるため、そうしたマーケティング活動の結果、検索されるようになるキーワードとも考えられます。そうした指名検索の対策をしないことは、SEOを含めたすべてのマーケティングを無駄にしてしまうともいえるでしょう。

また、指名検索は、CVRが通常の検索よりも高いことが多いです。たとえば弊社の場合は、ブログページの平均CVRよりも、指名検索キーワードでの流入が多いTOPページのCVRが20倍以上高いです。そのため、少しの取りこぼしが痛手になるケースもあるのです。

指名検索に細かく対応しないと大きなマイナスが隠れていることも

指名検索は、あなたの会社／サービス／個人の情報を求めている人がおこなう検索のため、上位表示されやすいのも特徴です。単純に、特定の会社／サービス／個人を想起しているのに、ほかの情報が出てきたら使いにくいですよねという話です。

ユーザーニーズを満たしきれていなくても、1位に表示されていることが多いです。しかし、それはユーザーにとっては不便なことでもあります。

たとえば、「〇〇 壊れた」と検索しているのに、1位にサイトのTOPページが表示されてしまうと、ユーザーは壊れた際にどうすればいいのか説明しているページや、問い合わせフォームをサイト内から自分で調べないといけません。すぐに見つかればいいのですが、ユーザーはそんなに暇ではありません。「もういいや」と諦めたり、しびれを切らして電話をかけてくるかもしれません。それだけならまだマシな部類で、連絡をせずに諦めてしまったユーザーが他社の製品やサービスに乗り換えてしまうことも考えられます。

このように、指名検索に細かく対応しないことには、じつは大きなマイナスが隠れているのです。

ToBサービスの場合は、認知度や利用者数の関係から、指名検索数は比較的少なくなる傾向にあるのですが、ToCサービスの場合はかなり幅広く検索されます。実際に私が過去に対応したサービスの「よくある質問」ページは月間数十万セッションもありました。

もちろん、すべてのキーワードでここまで緊急度が高くなるわけではありませんし、どんなにユーザー向けの情報を用意しても、調べずに電話するユーザーもいます。とはいえ、調べているユーザーのサービス満足度を考えると、SEOに力を入れない場合でも、可能な限り対策するべきといえます。

SEOをチームで理解する

最後に、SEOで最も必要になることをお伝えします。それは、この章でお伝えした話を、あなただけでなく、チーム全体、願わくば会社全体で理解することです。その理由は2点あります。

①SEOに過度な期待をもってしまう状態を避けるため
②施策のスピードが下がるのを避けるため

SEOに過度な期待をもってしまう状態を避ける

SEOを魔法のマーケティング施策のように考え、流入もコンバージョンも全部増えることを期待してしまい、なかなかそこに到達しないために、途中で撤退してしまう……そんな事態をたびたび目の当たりにしてきました。特に経営層と現場でSEOへの理解が異なると、予算が出なくなってしまったり、非現実的な目標が課せられることになってしまいます。期待されすぎもダメ、期待されなさすぎもダメ、という難しいバランス感ですが、関係者がSEOがどういったマーケティング施策かをよく理解すれば、問題を回避できるはずです。

施策のスピードが下がるのを避ける

SEOに取り組むとなると、あなたの所属するチームだけで完結することはほとんどありません。多くの場合は、エンジニア、営業、商品企画、広告運用チームなどさまざまなチームと関わりながら対応していきます。基本的にはユーザーファーストのSEOですが、一部は検索エンジンを意識した実装や仕様を検討する必要があり、そのあたりの理解がされていないと、都度説明することになったり、順位改善のための施策を打てなくなってしまいます。そうした不幸な取り組みにならないためには、少なくとも関係者の間でSEOを正しく認識することが必要です。

個人的には、時間がかかったとしても、次の項目を社内で確認しながら、SEOに取り組むことを推奨します。

- なぜSEOに取り組んでいるのか？
- SEOは自社で追いかけている何の数値に影響があるのか？
- SEOをがんばることで、数カ月後、はたまた数年後にどのようなプラスの影響があるのか？
- 会社としてSEOへの優先度はどの程度なのか？
- どんなことに気をつければ「SEO的に良い状態」なのか？

といいますか、ここを避けて社内で孤立してSEOに取り組んでも、ろくなことがありません。担当者のあなたが苦労するだけです。ぜひ、そういった社内理解の形成にも、この本を活用していただけますと幸いです。

第3章

人やリソースを どうやって 確保すればいいの？

そもそも、SEOに必要な人・リソースって？

SEOに取り組む際に、どんな人・リソースを用意する必要があるのでしょうか。

結論としては「サイトや会社規模、目標次第で変わる」という元も子もないポイントに落ち着いてしまいますが、いくつかのパターンに分けてポイントを押さえていきましょう。

オウンドメディア運用のタスクと必要な人数は？

まずは、オウンドメディア運用をメインでおこなう場合を想定して考えてみましょう。オウンドメディア運用のタスクをざっくりまとめると以下になります。

- 目標設定
- データ分析
- コンテンツ企画
- コンテンツ制作
- コンテンツ入稿
- コンバージョンポイントの設定
- バナー制作
- 各種SNSやメルマガなどで投稿

けっこう多いですね。

コンテンツの本数を増やすなら分業は必須

そんなオウンドメディアのタスクの中でも、最も大変なのがコンテンツ制作です。自然検索流入を狙う場合、キーワードの選定、ユーザーが知りたい情報の仮説を立て、それらを構成に落とし込んだうえで実際にコンテンツを執筆するなど、相当な時間がかかるからです。

当然、コンテンツを作ったら、みんなに見てもらうために入稿作業や、SEO以外の集客としてTwitter(現X)などで拡散する作業も必要になります。また、そのコンテンツからコンバージョンにつなげるためには、バナーなどの導線を設置する必要もあります。また、想定した効果が出ない、情報が古くなった時などは、コンテンツのリライトも必要になります。

このようなコンテンツ制作に関連するタスクをすべて1人でやろうとすると、制作できるコンテンツの本数に限界が出てきます。すべてのWebマーケティングタスクを兼任しているのであれば、そのほかのタスクなども考えると、毎月1～2コンテンツを公開するくらいが限界ではないかと思います。必要なコンテンツ本数はサイトによって異なりますが、公開数を増やしたい場合には、分業制にしたうえで、編集体制を上手に構築するのがポイントになります。

そんなオウンドメディアで発生するタスクを担当ごとに分解すると、以下のようになります。

- コンテンツ企画担当
- ライター
- 編集者
- 入稿担当
- 画像やバナー準備担当
- コンテンツの拡散担当

- 効果検証担当

これくらいのタスクに分割して、それぞれに担当者を用意することができれば、オウンドメディアの運営がスムーズに進められるはずです。

しかし、コンテンツの執筆と拡散では、当然かかる時間が違います。よって、実際には「コンテンツ企画、拡散、効果検証担当」、「ライター２〜３人」、「編集者」「入稿、画像やバナー担当」の４つくらいに分けると、タスク量として均等になります。そうしたことを考えると、オウンドメディア運営は5〜6人いると無理なく回すことができると言えます。

外部の力を活用する

とはいえ、急に正社員で6人用意するのはなかなか非現実的な話です。費用対効果も見えていない中、それだけの採用コストをかけるのはリスキーです。また、単純に時間もかかります。

そこで活躍するのが、業務委託の方々です。自社メンバーでないといけないタスクを除いて、入稿作業などのだれが実施してもクオリティが大きく変わらない部分に関しては、外注するといいでしょう。上記の例でいえば、以下のように分担すると、社員1人でもオウンドメディアを無理なく運用できます。

- コンテンツ企画、拡散、効果検証担当：内製
- ライター２〜３人：内製と外注
- 編集者：外注
- 入稿、画像やバナー担当：外注

▼オウンドメディアの体制

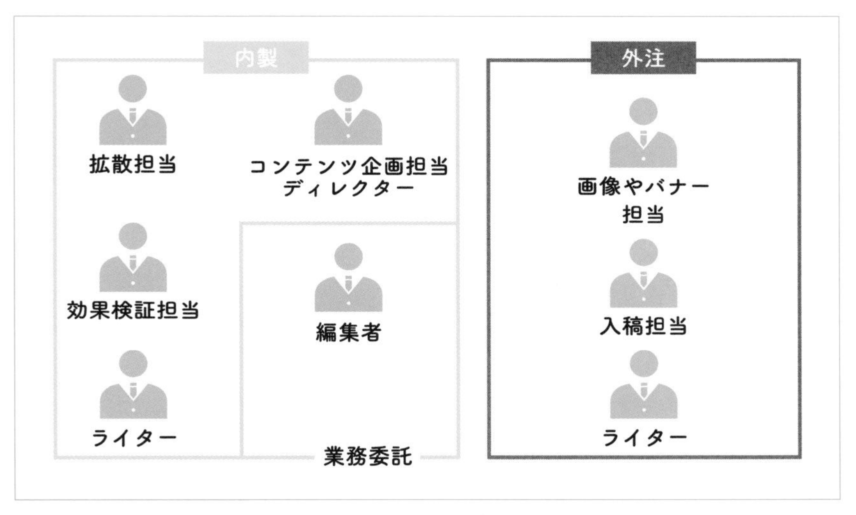

ライティングは専門知識をもつ方がいればそのまま外注できますが、知識を持った人を揃えるのが厳しいという場合でも、しっかりと要件を固めたり、初稿チェックのタイミングなどで確認することができれば、「ある程度その業界を知っている」くらいのライターにも外注は可能です。

上記の中で意外と大変なのが、コンテンツ制作以外の入稿や画像、バナーの準備などです。CMSを使用していても、入稿作業はそれなりの時間がかかりますし、内部リンクの設定などを丁寧におこなおうとすると、調査などを含めて1時間ほどかかってもおかしくはありません。さらに、コンテンツ用の画像、アイキャッチなどを用意するとなると、その制作作業にプラス1時間少々かかります。しかし、入稿作業などは、だれが担当しても、ルールさえしっかりと決めておければ仕上がりは大きくは変わらないので、外注しやすいポイントでもあります。そうした「だれが実施しても仕上がりが大きく変わらない」というタスクは、積極的に外注するといいでしょう。

コンテンツの制作本数などで前後する部分はありますが、概ね新規コンテンツを作成していく場合では上記のような体制を組めば、無理なくSEOを意識してオウンドメディアに取り組んでいけます。

しかし、あくまでこれは新規コンテンツの作成に限った話です。当然、時間が経てばコンテンツの更新も必要になってきますし、コンテンツ数が多いと各コンテンツのCTA（Call To Action：ユーザーの行動を効果的に促す）の調整などにも時間がかかるようになります。要所要所でヘルプを借りたり、更新作業を見越して１名追加することなども視野に入れておくといいでしょう。

BtoB-SaaS系サービスオウンドメディアの運営

続いて、具体的なオウンドメディアの体制例を紹介します。

▼ BtoB-SaaS 系サービスのオウンドメディアの運営体制

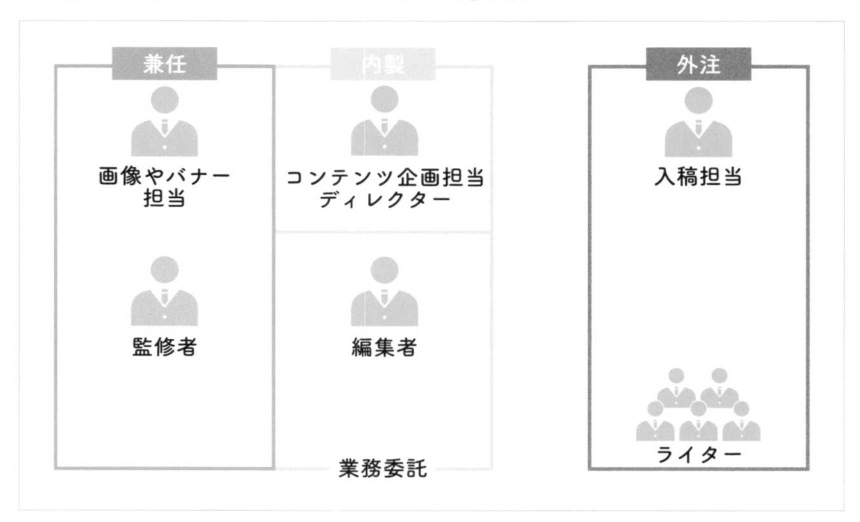

このオウンドメディアは、おもに潜在層をターゲットに、基礎知識や法改正などのトレンドを解説するメディアです。優先順に以下のコンバージョンを設定しています。

①無料デモの利用
②サービス紹介サイトへの遷移
③ホワイトペーパーのダウンロードや無料メルマガの登録

この業界はSEOの競合性が非常に高く、中途半端なコンテンツ数では効果が見込めないため、ライターを5名確保し、月に20本～30本ほどコンテンツを作成しています。

ライター自体は経験のある専門家ではないため、質を担保するために社内、編集者チェックのほか、監修者をアサインしているのがポイントです。中途半端なコンテンツや、まちがった情報を元に書かれたコンテンツは逆効果になってしまうため、社内リソースでまかないきれないときには外部の専門家に依頼するといいでしょう。

画像やバナー制作に関しては兼任できるメンバーがいたため、そのメンバーに依頼していますが、兼任メンバーへの依頼には1つ注意点があります。それは、タスクの優先度に差が出るという点です。基本的に兼任元のタスクが優先されがちなため、外注できるなら外注してしまったほうが、無駄な気も使わず効果的なことが多いです。

BtoC-アパレル系サービスオウンドメディアの運営

▼ BtoC- アパレル系サービスオウンドメディア

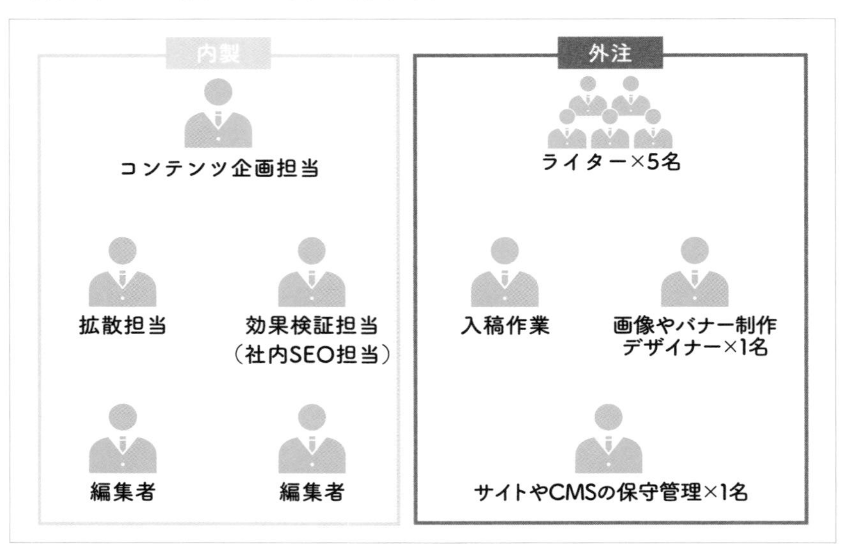

このオウンドメディアは、おもにコーディネートやトレンドアイテムを探すユーザーをターゲットに、着こなしや別で運用するECサイトで扱う商品を紹介するメディアです。次の2つをコンバージョンに設定しています。

①商品の購入
②クーポン獲得をフックとした新規会員登録数の増加

ファッションにくわしい編集者を2名用意することで、しっかりと専門性がありつつも、速やかなコンテンツ制作を可能にしています。
また、どのようなキーワードがユーザーに検索されやすいのかを、SEO担当が情報提供することで、専門的な内容でありつつも、しっかりと需要のあるコンテンツにすることができます。このように制作体制を固めることで、ライターも無理なく執筆できています。

コンテンツ中で使用する画像は、基本的にはECサイトのものをそのまま流用できるため、画像制作のコストはあまりかからず、入稿作業と合わせて外注先に依頼することができています。

ECサイトの在庫数と連携しているため、コンテンツで紹介するアイテムが品切れ、取り扱い終了になることが多いほか、毎年トレンドに合わせてリライトする必要があります。そのため、新規コンテンツ作成と既存コンテンツの調整の割合を6：4くらいで実施しているのも大きな特徴です。

データベース型サイト

データベース型サイトとは、商品などの詳細ページと、それらをまとめる一覧ページによって構成されるサイトのことです。Amazonや楽天市場などをイメージしていただくとわかりやすいです。

データベース型サイト運用のタスクはざっくりと以下になります。

- 目標の設定
- データの収集
- 各ページの改善施策の実施
- テンプレートごとの改善対応
- 新商品の追加
- コンバージョンポイントの設定
- バナーの制作
- 各種SNSやメルマガなどでの投稿

データベース型サイトの運用では、毎日SEO業務につきっきりになるわけではありません。サイトの作り方にもよりますが、エンジニアの工数を使った開発を伴うことが多いからです。1ページ1ページ手を加えていくこともあるのですが、商品詳細ページのテンプレートを変更して、関連商品を紹介する仕組みを加えるようなタスクをイメージしてください。ほかにも、お気に入り商品として保存する機能を追加したり、スタッフのおすすめという欄を追加したりするようなイメージです。

このように進めていくと、「開発依頼を出して、その実装を待つ」といった時間も多くなってくるため、SEOだけをやるというよりは、自分だけで動かせる部分と、エンジニアなどの稼働が必要な範囲を切り分け、そのうえでうまくスケジューリング、ディレクションしていくことがポイントになります。

また、一度できあがったサイトにテコ入れをしていくことは大変なため、サイトの立ち上げタイミングや、必要に応じてまとめて改修することもポイントの1つです。大枠のサイト構造がしっかりとしていれば、SEOに関しては定期的に細かい修正を実施したり、必要に応じて情報の見せ方を再検討するくらいで済むからです。何よりも、毎日の商品ページの入れ替えや、季節のセール情報の表示、カートページなどコンバージョンまわりの改善などが基本的なタスクになるはずで、よほどの規模ではない限り、SEOに関連する業務は専任ではなく兼任になることが多いはずです。そうしたことを考えても、初期設計などでしっかりとSEOを意識したサイト構築をして、あとは定期的な運用で見直す、という運用ができると理想です。

サービスページ

サービス紹介ページの運用も、SEOがメインになることはありません。もちろん、そのページを多くのユーザーに見てもらうという意味では、SEOに取り組むべきです。しかし、一番に考えるべきは、「サービスの魅力や課題を解消する」という本質的な部分であり、その点がユーザーに適切に伝わるかどうかが最も重要になります。

自社のサービス内容を理解したうえで、

- 何が強みなのか？
- ユーザーにとっての便益は何か？
- ユーザーはサービスを検討するうえで、どのような／どのように情報がほしいか？
- まずは資料をダウンロードしたいのか？　それともすぐに相談したいのか？

などを考え、それをデザインに落とし込んでいく中でSEOを意識するくらいのスタンスで問題ありません。

「SEOは最低限」という場合

「SEOは最低限できていればいい」という場合もあるはずです。そうした場合には、わざわざチームを作る必要はなく、マーケティング担当メンバーが一時的にSEO業務を兼任し、その後は定期的に施策を実施していけば問題ありません。

しかしながら、「最低限のSEO」というのも、じつは難しい話です。たとえば、マーケターとエンジニア、デザイナーで共通の認識を持つのも難しいですし、何か困った時にだれに相談すればいいのかなどを決めたり、「最低限のSEO」が実装されるようにウォッチするのは意外と大変な仕事です。

そこでポイントになるのが、社内にSEO担当者を1人用意することです。

専任ではなく兼任で構いません。ただし、「SEOで困ったら聞いてください！」という受け身の姿勢だと、多くの場合質問されずに、そのままプロジェクトが進行してしまいます。そのため、すべてのWebが関連するプロジェクトに参加し、SEOの課題が発生していないか確認するというスーパーマン的な動きをする必要があります。

もちろん、どの会社にもSEOにくわしい人がいるわけではありません。その場合は、業務委託や外注という形で、要所要所で確認してくれるメンバーを用意できるといいでしょう。

今回はいくつかのケースに当てはめ、サイトのタイプごとにやることをまとめましたが、実際にはサイトの規模や状況などによって大きく異なります。何よりも、組織やチームとしてSEOだけに取り組むということは基本的にはないはずです。なぜなら、SEOはあくまでマーケティングの手段の1つにすぎないからです。

通常は、集客方法を無理にSEOに絞る必要はないため、SEO以外の集客手段としてSNSや広告なども検討し、複数のチャネルで効果的に集客していきます。自社のマーケティングにおけるSEOの優先度やタスク量を元に、理想的な体制構築を目指してみてください。

内製と外注、どちらがいいか？

「SEOを内製で取り組むか、外注するか？」

　この難しい問題は、SEOの成功を大きく左右するため、慎重な検討が求められます。内製化したいと考えても、対応すべきタスクが多岐にわたり、それを実現するためには一定の人員が必要になるという場合、現実的に外注を選択せざるをえないケースもあります。

　ここでは内製化のメリットとデメリットを紹介し、内製で進めるうえで自分たちで対応できるようになるといいタスクを解説します。これにより、自社の状況に応じた最適な判断ができるようになるはずです。

　その前に、「SEO内製化」の定義について確認しましょう。本書では、次のことを指します。

「SEOに取り組むうえで発生する施策の中で、自社内のリソースを中心に完結できる状態にすること」

「中心」という部分が気になったかもしれません。何もかもを自社リソースだけで完了させるのは、時にスピードを下げることにもつながりかねませんし、無駄に選択肢を狭めるだけになってしまいます。よって、すべてではなく、自社を中心にSEOに取り組むことができる状態を内製化としています。

　では、具体的なメリットとデメリットを確認していきましょう。

内製化のメリットはスピードアップ

0からSEO内製化を目指すのは「採用などでのリソースの確保」「妥当性のある目標設計」など大変な点も多いのですが、それでも内製化を目指すメリットはどこにあるのでしょうか。私は、次の２つのメリットがあると考えています。

①コミュニケーションの階層が1つ減ることで、施策のスピード感が増す
②SEO施策にかけられる時間が増える

スピードがポイントです。

①コミュニケーションの階層が1つ減ることで、施策のスピード感が増す

外注するとなると、次のような流れでやりとりをすることになります。

上長⇔担当者⇔外注先窓口⇔外注先実務担当

これを内製化できれば、やりとりを２段階ショートカットできます。

上長⇔担当者

ぱっと見るとあまり短縮できた感じがしないかもしれませんが、社内説明をしないといけない時などを考えると差が出てきます。SEOに関連するやりとりの中でも、特に緊張感のあるコアアップデートが発生した時を例に考えてみましょう。

【外注の場合】

外注先窓口「コアアップデートが発生したので、しばらくは大きな順位変動が起こると思います。影響はわかり次第共有します」

担当者「わかりました」

↓

担当者「コアアップデートが発生したらしいです」

上長「影響あるかしっかり把握してほしい」

↓

担当者「上長が気にしているので、落ち着いたら調査をお願いします」

外注先窓口「もちろんです」

↓

外注先窓口「このサイトのコアアップデートの影響の調査頼むよ」

外注先担当者「承知しました！」

↓

外注先担当者「全体的に順位が上がっており、平均セッション数が1.3倍になりそうです。代わりに、サイトAの順位が下落しております」

外注先窓口「ありがとうございます！　このレポートで共有しておきますね」

↓

外注先窓口「（先ほどの説明を実施）以上のようにプラスの影響となっております」

担当者「ありがとうございます！　よかったです」

↓

担当者「影響はプラスのようです！」

上長「よかった！」

第1章
第2章
第3章
第4章
第5章
第6章
第7章
第8章
第9章
第10章

【内製の場合】

担当者「コアアップデートが発生したので、しばらくは大きな順位変動が起こると思います。影響はわかり次第共有します」

上長「わかりました」

↓

担当者「全体的に順位が上がっており、平均セッション数が1.3倍になりそうです。代わりに、サイトAの順位が下落しております。影響はプラスのようです！」

上長「よかった！」

実際は外注することで、その時間を別の作業に充てることができるので、一概にはデメリットとは言えませんが、コミュニケーションの回数は大幅に削減できます。

これは報告だけでなく、施策を検討する際も同様です。社内のメンバーに依頼する場合、一から十まで説明する必要がないこともありますが、外注する際には細かい指示が必要となることもあるからです。

②SEO施策にかけられる時間が増える

これは、コンサルタントに完全に外注する場合と比較した場合です。SEOコンサルタントに支払う額には幅がありますが、どの会社でも正社員と同じように1日8時間、約20日稼働してくれることはないでしょう。仮に稼働してくれることがあっても、利益を出す必要がある以上、それなりの金額を支払う必要があります。そうなると、現実的には月に5日相当とか、10日相当の稼働になるはずで、それ以上の稼働は通常見込めません。

もちろん、それでも初心者がSEOを実施するよりも効率的なため、20日稼働するよりも経験者が5日稼働したほうが速い場合が大半です。ただ、内製化を実現して経験者がSEOに対応する時間を増やせれば、当然施策はより速く進みます。

内製化のデメリットは採用コストと学習コスト

コミュニケーションのスピード感がメリットのSEO内製化ですが、そのメリットを享受できない可能性があるほどのデメリットが2つあります。

①経験者の採用コストがかかる
②既存社員が担当する場合は学習コストがかかる

①経験者の採用コストがかかる

内製化を進めるうえでよくあるパターンは、経験者を採用し、そのメンバーを中心にチームやプロジェクトを立ち上げるというやり方です。これであれば「戦略を立てるポジション」が最初からいる状態でスタートすることができます。

しかし、そんな都合よく「SEOの経験があって、カルチャーマッチする人材」が見つかることはありません。これはSEOコンサルティングに携わる私から見ていてもよくわかります。よって、まずは見つけるまでの時間的コストがかかります。

もし、いますぐにでもSEOに取り組みたいという場合、「根幹となる人材を見つける」よりも、「SEO会社・業務委託に依頼する」ほうが圧倒的に速いです。図のように内製化の体制を作るまでにかかる時間、内製化後に短縮できる時間と、外部パートナーに依頼し続ける場合で比較する必要があります。

新たな採用が必要になる場合、それに伴うコストも発生します。0から始める場合、初期コストは「正社員を採用してSEOを進める」よりも、「外注メインでSEOを進める」場合のほうが安価に取り組めることが多いです。採用コストも含めて、SEOにかかる費用を検討する必要があります。

▼内製と外注のスピード感とかかる時間の比較

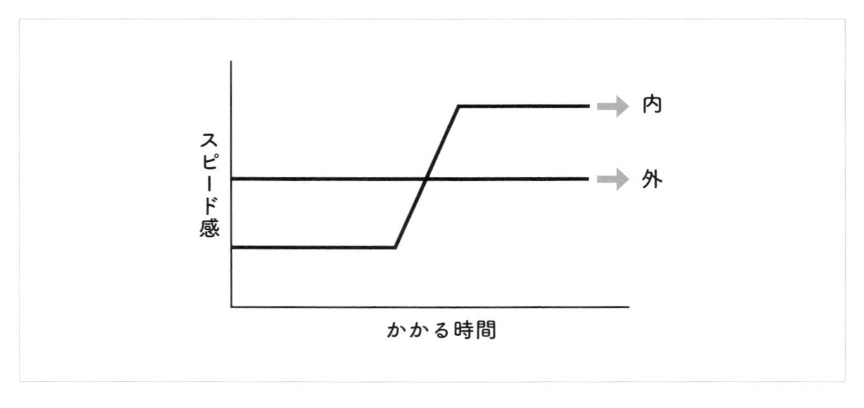

②既存社員が担当する場合は学習コストがかかる

経験者を採用せず、既存メンバーにSEOを学習してもらい推進する場合、「学習しながらSEO施策を進めることによる時間的コスト」がかかります。あくまで私の経験や見聞をふまえてですが、ある程度独り立ちしてSEOに取り組めるようになるまで、おおよそ1年ほどかかります。その1年間は、不完全な状態でSEOに取り組まないといけないため、ある程度SEOを理解した人が取り組むことに比べて、時間がかかるほか、最適な施策を展開できないという問題もあります。

また、SEOに取り組むということは、シンプルにその人のタスク量が増えるということです。そのメンバーがこれまでに対応していたタスクを別の人が担当したり、タスクの分散をしたりする必要が出てきます。もちろん、今までのタスクをいったん止めて、その時間でSEOに取り組むこともできますが、どちらにしてもリソースの総量を増やさずに、やることだけを増やすことはできません。

こういった話はSEOに限らない話ですが、新しく施策を実施する際には、次の2つを採用、異動、外注のどれで解消するかがポイントになるのです。

①学習コスト
②施策実施リソース

なお、外注のメリットとデメリットは、内製化のデメリットとメリットを逆転したものになります。つまり、採用コストや学習コストがかからないため取り組みまでのスピードが速くなる一方で、外部の人とのコミュニケーションが発生するため一般的にはコミュニケーションのスピードは下がることが多くなることがデメリットになります。

▼オーバーしたタスクを採用、異動、外注のどれで埋めるか検討する

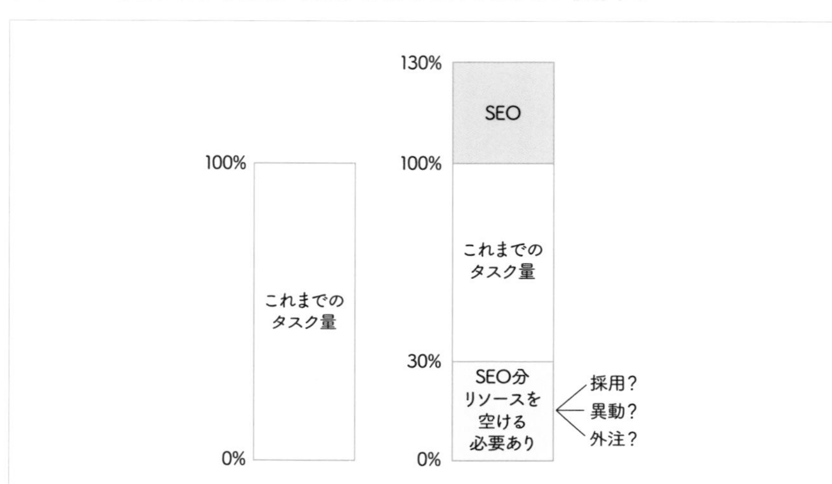

初期は外注で、慣れてきたら内製化するのがおすすめ

こうしたメリット・デメリットをふまえて、オススメなのは次の流れで取り組むことです。

①初期は外注中心で取り組む
②SEOの知識や経験が溜まり、慣れてきたタイミングで内製化に移行する

これは、何も私がSEOコンサルタントをしていたからではありません。今までSEOに取り組んだことがない人が少し勉強しただけで、SEOの費用対効果が優れているか判断できるまで施策をやりきるのは難しいという話です。もちろん無理な話ではないですが、上記で説明してきたように、SEOに慣れる

までに1年かかるのを待っていられるほど余裕のある会社は少ないと思います。それであれば、いったんSEOは諦めて、その間採用活動とできることに取り組んだほうが、全体的な成果は最大化されるはずです。

また、内製に切り替えるタイミングは、「コンサルタントがいたら楽だけど、いなくてもなんとかなりそう」と思えるタイミングでおこなうのがベストです。ある程度定量的に考えるのであれば、以下を内製化を目指すタイミングとしていいでしょう。

- オウンドメディア
  →決められた本数のコンテンツをクオリティを下げることなく作成することができるか？

- データベース型サイト
  →自社サイトの構造と現状のクロール、インデックス状況と、おおよその流入キーワードを把握できているか？（基本的なSEO対策は実施済みの前提）

内製化を目指すべき役割とは

ここでは、内製化を目指すうえで必要な役割を紹介します。外注していた業務を内製化する際、そもそも自社で内製化できるかどうかを検討する際に意識してください。

司令塔

SEOの内製化でまず目指すべきは、司令塔を自社につくることです。司令塔とは、言いかえると「タスクを指示するようなポジション」です。司令塔が自社にいない場合、「SEOって何をすればいいの？」と取り組む内容がわからない状態に陥ります

司令塔になる人は、だれでもいいわけではありません。事業の売上目標からマーケティング施策に落とし込んで、SEOはその中の1つ、という意識をもてる人が理想です。ここを分断してしまうと、SEOが単なる集客に終わってしまい、その先の売上などにひもづかなくなってしまうからです。一方で、「SEOで何を実施するべきなのか」という理解も当然必要なため、第一歩と言いつつ、最難関ともいえるでしょう。

ここが内製できない間は、SEOに取り組む＝外部の専門家に依頼する or 勉強しながら取り組むことになります。勉強しながら取り組んで、いきなりベテランになれるわけではないので、目標の高さや成長スピードに合わせて、以下の方法から状況に合わせて選択してみてください。

①Web担当者がSEOを兼任しながら、少しずつ学んでいく

完全に0から学ぶやり方です。本やネット上の情報を元に勉強し、SEOを少しずつ理解し、施策を進めていきます。

【メリット】

- 外注費を抑えられる
- 自社サービスを知る者がSEOに取り組むことになるので、ユーザーを理解したうえで取り組むことができる
- 将来的にSEOコンサルタントに依頼するにしても、一度は自らの手でやってみることで、説明がしやすい

【デメリット】

- まちがった施策や効率的ではない施策をしていても気がつきにくい
- なにから取り組めばいいかわからない

メリットとしては、自社リソースのみで実施できるため、費用が抑えられる点や、自社サービスを十分に理解した状態で取り組める点が挙げられます。しかし、正直なところデメリットのほうが大きいといえます。もちろん「完全に無理」ということもないのですが、時間がかかるうえ、まちがったやり方で逆効果になる可能性もあるためです。費用面の話もあると思うのですが、完全にSEO初心者であれば、SEOへの取り組み方として組織的にも不安定であり、取り組み方を見直すべきともいえます。

②SEOコンサルティングを導入して、やり方を学んでいく

SEOコンサルタントに依頼し、基本的な対策や進め方のレクチャーを受けるやり方です。

【メリット】

- 成果を出しつつ、プロの技を盗むことができる
- わからない時にすぐに質問できる

【デメリット】

- お金がかかる
- ノウハウや考え方までインプットする必要がある（そこをサボると、コンサルがいなくなった時に、施策を継続できなくなる）

経験者をアサインできなかった際におすすめなのは、SEOに精通している外部のコンサルタントにサポートに入ってもらうことです。適切なコンサルタントに入ってもらえれば、知識のインプットだけでなく、まずは成果を出すために取り組んでくれるため、SEOを理解していない担当者が今後成長することを前提に「いつかは成果が出るかもしれない！」と長期的に悩むのではなく、まずSEOで成果を出せるのかをコンサルとの取り組みで把握しつつ、長期的には自社だけで運用できるように移行していけるからです。

SEOはたしかにだれでも取り組める施策ではありますし、時間をかければ理解もできるのですが、売上アップにつなげる施策として捉えると、一定のスピード感が必要になります。担当者のキャッチアップに1年間待てる会社は少ないはずです。少しでも短期間で成果を上げるためには、担当者のレベルアップを待たずに、SEOの経験がある人に依頼し、そこから知識をインプットするやり方がおすすめです。

一方で、外部に任せきりになると、継続的に外部へお金を払い続ける必要があることを忘れてはいけません。もちろん、その分のタスクを自社でやるとなった際に、結局採用でカバーすることになれば、かえってSEOにかける費用が高くなることも考えられるため、一概に外注が悪いとはいえません。しかし、一般的にコンサルタントは実装までを担当してくれるわけではないですし、スピード感は外部よりも内部のほうが速いことを考えると、一定以上SEOへの取

り組みが進んだ際には内製化（インハウス化）も考える必要があります。

よって、完全に外注するだけでなく、知識をインプットしたり、仕組みを理解したりなど、経験を積んでおくことがポイントです。「なぜですか？」と繰り返し聞くと、コンサルは嫌な顔をするかもしれませんが、そこで聞いておかないと、内製化した時にあなたが答えられなくなってしまうので、躊躇なく聞いておくことをおすすめします。

コンテンツ編集者

コンテンツの内容のファクトチェックや、コンテンツのCRO（Conversion Rate Optimization：コンバージョン率最適化）施策など、対応範囲が幅広いため、柔軟に対応することを考えると内製化できていたほうが効果が出やすいです。しかし、コンテンツ編集者を内製化するのも、SEOに負けず劣らず大変で、素人が急にできる作業でもありません。誤字脱字チェックだけでなく、読みやすいように内容を調整しつつ、ファクトチェックも忘れずにおこないながら、ユーザーが読んで終わることなく、何かしらのアクションをしてもらうように文章を整えたり、バナーなどを設置したりするのは至難の技です。

このような取り組みを、経験者もいない状態で、0から学ぶのは現実的ではありません。よって、これも初期フェーズでは外注することをおすすめしますし、長期的にも、この編集者のポジションは経験者を採用するか、外注し続けてもいいと思います。実際に私も、執筆した内容は、業務委託の編集者の方に

「そもそも読みやすいか」
「初心者目線でも、わかりにくい点はないか」
「誤字脱字はないか」
「引用などのルールで誤りはないか」

などを確認してもらっています。

依頼していて思うのは、「このような一見だれでもできると思われる作業ほど、経験による違いが出る」という点です。何より、自分が不慣れな作業へ時間を使ってしまうと、余計な時間がかかるほか、あなたが本来取り組むべきタスクが止まってしまうため、素直に別の人に任せることがオススメです。

もちろん、実際にコンテンツを作る時には経験や知識が必要になるため、外注一辺倒ではなく、自社内でライターを探したり、外部のライターに頼むとしても編集者チェックの前に知識面でのフィードバックを入れたりするといいでしょう。

サイト制作

サイト制作は内製化しやすい部分ではあるのですが、多くの会社でほかの業務、チームと兼任で対応しているケースが見られます。もちろん業務量などを考えると兼任が最適ではあるのですが、いざ依頼すると「今忙しい」「優先しないといけないことがある」などと言われたり、それを気にして依頼しにくくなることがあります。

とはいえ、ECサイトなど１人の担当者がかかりきりになる必要があるくらいタスクがあれば新規に専任ポジションを設置することも考えられるのですが、オウンドメディアの改修程度であれば、通常そこまでのタスクは発生しません。

そうしたことを考えると、サイト改修は保守運用会社や業務委託の方にお願いして、内製化するべき点は「何を実装するか？」を考えるほうに重きを置くといいでしょう。どんな施策を実施するかは考える人によって違いが出ますが、「このように実装して」の部分は大きな差は出にくいからです。実装する施策が膨大にあったり、スピード感がボトルネックになるようになったら、内製化を考えてみてください。

第4章

予算がほとんどないのに成果を求められるんだけど

本当にSEOが必要なのでしょうか？

SEOの強みが発揮されるケースとは

SEOだけでなく、Webマーケティング全般で「予算やリソースに対し、求められている成果が大きい」というケースはよくあります。これは、決して上長が意地悪をしているわけではなく、誤解や経験不足、そして希望を感じているがゆえに起きてしまうことです。

SEOは、集客課題への魔法の杖ではありません。一歩引いて、あらためてSEOが必要か考えてみてください。そのために、SEOの強みが発揮されるケースを正しく把握するところから始めましょう。

SEOの強みが発揮されるケースとしては、大きく以下の2つが挙げられます。

①自社の製品・サービスを認知して、探している人がいる
②自社の製品・サービスで解決できる課題に関して解決策を探している人がいる

①は、特定の商品やサービス（「カルモ」「カルモ カーリース」など）を指名するキーワード（指名検索）で検索されている場合です。

②は、「クレジットカード」「クレジットカード 即日発行」など、特定の商品を指しているわけではないものの、自社の商品やサービスを知ってくれさえすれば購入してくれる可能性がある場合です。

かんたんにいうと、以下のどちらかに当てはまる際には、SEOがビジネス

に貢献します。

- あなたの会社の製品・サービスを知っている
- あなたの会社の製品・サービスは知らないけど、知ったら使ってくれそう

どちらかを満たせていないと、「検索」というアクションによってユーザーと接点をもつことができないため、SEOが真価を発揮しないことも十分にあります。

もちろん、このどちらかを満たしていない場合でも接点はもつことはできますが、ビジネス上特に貢献することなく、言ってしまえば「ボランティア」のような状態になってしまいます。

自社の製品・サービスの認知状況と解決できる課題を調べる

続いて、①②を実際に調べてみましょう。

①製品・サービスの認知状況

まずは、企業名、製品名、サービス名を「Googleトレンド」「キーワードプランナー」などのツールで見てみましょう。

▼Google トレンド

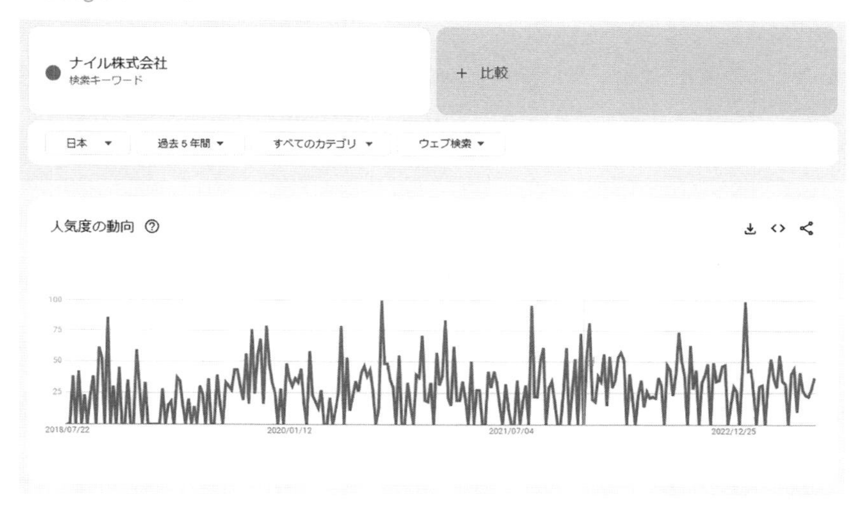

▼キーワードプランナー

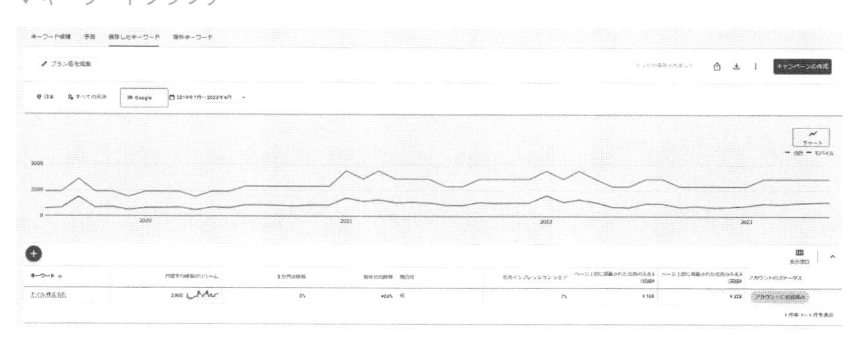

検索回数などの数値が現時点でほとんどなくても問題ありません。特にBtoB業界では、企業名を熟知している人のほうが少ないです。

どういったキーワードやトピックと一緒に検索されているかも見てみてください。特にTwitter（現X）などは、思いもよらない引用のされ方をしている場合もあります。

▼「ナイル株式会社」のサジェスト

▼「ナイル株式会社」のTwitter（現X）での反応

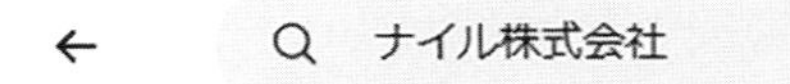

話題のツイート　最新　アカウント　画像　動画

山口偉大(経営者/マーケター/YouTuber) @yamaguchi_take · 7月17日
返信先: @yamaguchi_takeさん
・デジタルマーケティング研究所 @dmktlab
・**ナイル株式会社**｜Nyle Inc. @nyle_recruit
・ネットショップ担当者フォーラム @netshoptan
・バズ部 @BAZUBU
・博報堂生活総合研究所 @seikatsusoken
・BOXIL【公式】 @BOXIL_info
（続く...）

1　5　403

ferret（フェレット） @ferretplus · 7月12日
『ひとりマーケター 成果を出す仕事術』の著者、**ナイル株式会社**の大澤心咲氏にインタビュー。GAS（Google Apps Script）とChatGPTを組み合わせた業務効率化テクニックや、Wordpress入稿のコーディング自動化、また業務効率化に役立つChromeのオススメ拡張機能など明日使える具体的な内容が満載▼

2　3　18　3,633

②関係する課題キーワード

次に、あなたの会社のサービスで解決できる課題について、悩んでいる人が検索しそうなキーワードを考えてみましょう。最終的には検索回数なども見ていきたいのですが、まずは気軽に検索してみてください。

SEOコンサルティングであれば、「順位 上がらない」「検索結果に表示されない」など、取り組みに対する課題感などが考えられるでしょう。また、直接的な課題解決だけでなく、「集客 改善」「問い合わせ数 増加」などの、SEOを想起していない人の検索なども考えるのがポイントです。

▼「SEOコンサルティング」で想定されるキーワード

SEOを意識している人向け

- SEO
- SEOコンサル
- 検索エンジン最適化
- 順位 上がらない
- 検索結果 表示されない
- タイトル 文字数

SEOを知らない人向け

- 集客改善
- 集客方法
- セッション数
- 流入数 増やす
- コンバージョン改善
- 問い合わせ数 増やしたい

調査する時のポイントは、表記ゆれなどは一切気にせず、まずはブレストのような感じで出してみることです。ツールを導入していれば、競合サイトの流入キーワード調査をするのもいいでしょう。

出てきたキーワードで一切検索ボリュームがなくても、Twitter（現X）で関連するようなツイートが見られれば、ここではひとまずOKです。「検索するのはその人だけ」という可能性もあるため、その課題に対応しても1CVしか増えないかもしれませんが、ニーズや課題があればだれかしら検索してくれるかもしれないからです。

もちろん、たとえば3人しか検索する人がいないとして、そのために年間1,000万円を投資できるかというと、また別の話になります。要は、SEOに何を期待するかという話で、

「数多くの潜在層との接点にしたい」
「極少数の顕在層との接点にしたい」

など、目的によって使うべき予算は異なります。

何にせよ、こうした事前調査で、ユーザーが検索している様子や検索ではないものの課題に思っているユーザーの様子が見られたら、SEOが有効に働く可能性があり、ようやくここで「ビジネスとしてSEOに取り組む必要」が見えてくるのです。

一方で、まったく検索されていない、言及されていないのであれば、まだSEOに取り組むフェーズではない可能性が高いです。検索ではなく、ユーザーに直接アプローチしたり、課題を自覚してもらったり、サービスを認知してもらったりする施策の優先度のほうが高いはずです。

ここまで調査して、ようやくスタートラインといったところです。「最低限SEOを意識したほうがいい」といったレベルでしょうか。

もし、ここまででまったくSEOの可能性を感じることがなければ、無駄に施策に取り組む必要は当然ありません。しっかりと事前に調査したあなたが素晴らしいというだけの話です。

目的を明確にする

次は、SEOの目的を考えてみてください。よくいただく問い合わせに「集

客を強化したい」というものがあります。しかし、やりたいことは本当に集客なのでしょうか？

「サイトに集客して、商品を買ってほしい」
「サイトに集客して、資料のダウンロードなどをしてもらい、リード獲得につなげたい」

　など、集客をしたうえで、さらにユーザーに何らかのアクションをしてほしいというのが大半ではないでしょうか。「売上を増やしたい」とか「利益を増やしたい」といった、その先の目的があるはずです。それを明確にせず集客をしても、良い情報を提供するだけのボランティアになってしまうだけです。多くの場合、集客は目的ではなく手段なのです。
　目的は、売上目標などから逆算していくのが理想です。

【例】今期は前期より120％売上増を目指す
　↓
　売上＝平均受注単価×受注数
　受注数＝有効商談数×受注率
　有効商談数＝問い合わせ数×有効商談化率
　問い合わせ数＝問い合わせフォーム閲覧数×問い合わせフォーム通過率
　問い合わせフォーム閲覧数＝（総セッション数×問い合わせフォーム遷移率）＋問い合わせフォームセッション数

　このように、目標を可能な限り分解したうえで、「何を改善することが目的に最も効くのか？」を考えてみてください。

▼目標から分解していく

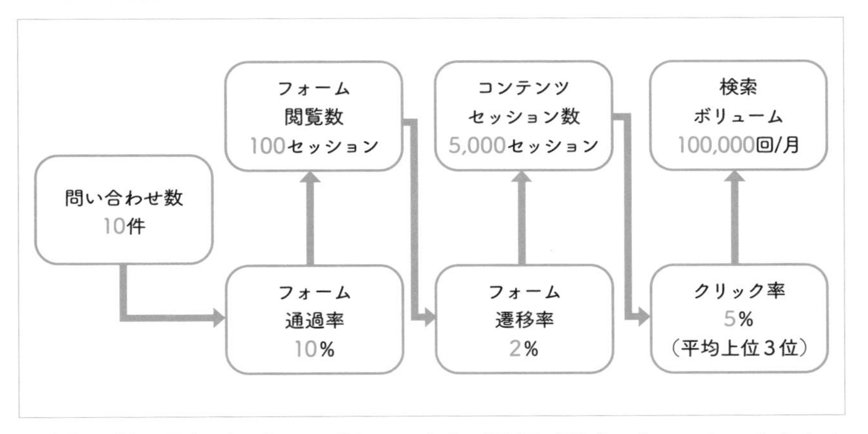

上記の例で言えば、次のいずれかになれば目標が達成できることになります（受注数などが変わらない前提ですが）。

- 平均受注単価が1.2倍になる
- 問い合わせ数が1.2倍になる

まずは数値を分解したうえで、どの数値をメインに改善すればいいかを考えると、KPIのような指標が出てきます。そして、その指標が集客や問い合わせ数なのであれば、ようやくSEOの出番です……と言いたいところですが、集客方法は無数にあるわけで、これまたSEOにたどりつく前にもう1つ考えてほしい点があります。

目的を達成するほかの施策はないか考える

「目標を分解し、KPIに落とし込んだ結果、集客を強化することで目標達成ができそうだ」

　そこまで見えたら、次は「集客を強化する方法はほかにもないか？」を検討していきます。たとえば、Webサイトへの集客であれば、次のような手段も考えられます。

- 各種Web広告
- 各種SNS運用
- CM出稿

　それぞれに、強み、弱みが存在します。このように照らし合わせたうえで、「全部の施策をやる」「メイン施策を広告と定め、SEOは最低限実施する」など、やる／やらない、施策の優先度を決めていきましょう。

　もちろん、どの施策が自社にとって最適か判断がつかないこともあると思います。そういった場合には、低コストで取り組めるいくつかの施策に取り組んでみるのもいいでしょう。ある程度やってみて、最終的に自社に合う施策に絞って取り組むイメージです。

　ここまで考えて「SEOが重要そうだ」となったのであれば、まちがいなくSEOに予算を割く必要があると考えられます。

SEO用の予算の引き出し方

期待を正しく把握する

SEOだからといって、予算の引き出し方が変わるわけではありません。

「費用と効果が合っているか？」

それが一番のポイントになります。そこがプラスなのであれば投資は継続され、マイナスなら投資は減らされるはずです。
しかし、SEOでありがちなこととして、「特定のキーワードで1位にできた」「セッション数が増えた」など、予算を握っている人が期待してる部分と異なる点を効果として考えてしまうことが挙げられます。私も、セッション数が増えて浮かれていたところ、肝心のコンバージョン（問い合わせ）を取れていなかったと指摘され、SEOの予算を削減されてしまったことがあります。その際に言われた言葉は今でも覚えています。

「SEOでセッションは増えるかもしれないけれど、私が増やしたいのはコンバージョンだからね」

集客とコンバージョンのような明確な指標ならいいのですが、

「自然検索からの問い合わせでは単価が低い」

「SEOを活用して資料のダウンロードは増えたが、それが商談に結びつかない」

など、Webの裏側で起こる現象もあります。

このような認識のズレを避けるために、「投資に対し何を期待しているのか？」を正確に理解する必要があります。多くの場合、問い合わせ数など、売上に直接関係するコンバージョンを目標に設定しておくと、上層部とのコミュニケーションがスムーズに進みます。

▼認識がズレてないか？

期待を正しく調整する

SEOをはじめてすぐに目標の問い合わせ数に到達することは少ないです。

「まずは半年以内にセッション数が10万を超える」
「制作体制を整えて、半年以内に毎月10コンテンツを安定して作成できるようにする」

などのマイルストーンを設定することをおすすめします。このような段階を踏む設計をすることで、社内でチャネルとしてのSEOの成長を実感してもらう狙いもあります。

ただし、最終的に増やしたい数値に関係のないことを改善しても仕方ありません。そこはあなた自身が意識して設計するべき点になります。

また、SEOの性質的に、いきなり問い合わせにつながらない場合がどうしてもあります。たとえば、用語の意味を調べてる人が急に単価100万円の商品を購入するかというと、そんなことはありません。しかし、メルマガの登録だったり、クーポン獲得であれば、アクションしてくれるかもしれません。このように、SEOはユーザーの態度変容の状況に合わせて、複数のコンバージョン先を用意する必要もあります。

……と、このような調整をしているうちに、上司は「あれ、SEOって問い合わせを増やす取り組みじゃなかったっけ？」と思うようになり、先ほどのような「SEOでリードは増えたけど、直接の問い合わせは増えなかったから、なんか微妙だね」と言われてしまうのです。

こうしたことを避けるためには、自分のほうから

「まずは問い合わせではなくて、その前段階として資料ダウンロード数を増やします」

のように、期待を調整することがポイントになります。

▼期待を調整する

こうといった交渉をしていかないと、無理なオーダーをひたすら受けるような状態になってしまったり、どんなにがんばっても「成果が出ていない」と認識されてしまい、SEOに取り組むあなたが苦労することになってしまいます。

よって、費用対効果が優れているという大前提の元、効果にあたる数値を都度会社と調整しながら、「実際の取り組みから獲得できる効果」と向き合うのがポイントになります。

裁量権をなるべく広くもらう

このような前提をふまえて、SEOの予算はどのように引き出すべきかという本題に入っていきましょう。

そもそもSEOにいくらかかるのかという話ですが、これは取り組み方や目標によって異なります。オウンドメディアを運用する場合であれば、コンテンツ数によって費用は変動します。コーポレートサイトへのSEO対策であれば、新規で大量にページを作ることはあまりないので、費用はかなり抑えることができます。さらにいえば、単発的な取り組みにもなるので、費用も1回きりということもあります。
　私がSEOをやっていて予算が足りないと感じるのは次の3点になります。

①コンテンツの制作とページの制作
②外部の知見の導入
③ツールの導入

　たとえば、セッション数を増やすためにページをたくさん作る場合を考えてみましょう。ページをたくさん作っていく場合には、当然コンテンツやページの制作で費用が必要になってきます。「施策の実装が滞ってるので、外注して速度を速めたい」という場合もお金がかかります。自分たちで考えるのは限界というところで、施策は出切ってしまったためコンサルに依頼するという場合も、お金はかかります。調査分析のため、役に立つようなツールを導入したいという場合もあります。
　もちろん、それぞれで費用対効果のロジックが変わるわけではないので、やはり費用対効果が見合うのかが重要になります。しかし、取り組みの中には

「ユーザーにとって重要で、サイト全体の専門性向上のためには欠かせないが、単体ではコンバージョンにつながらないコンテンツ」
「コンサルタントが提出した調査資料」

　など、それだけでは直接成果にならないものもあったりします。
　SEOに取り組んでいくとなると、それ自体では成果をもたらさないものも、全体の取り組みとしては必要になってくるというケースが多々あります。よって、目標をまず決めて、それに対して必要な施策、取り組みを洗い出し、おおよそいくらかかるのか計算し、目標と全体の費用において費用対効果をみるといいでしょう。
　ここは非常に難しいところではあるのですが、このようなことを考えると、

SEOを担当する場合は裁量権をなるべく広くもらえるといいでしょう。セッション数を増やすなどの小さい目標ではなく、問い合わせ数を増やすなどの目標設定にすることによって、対応範囲が必然的に広くなるからです。そうすると、当然その中で柔軟に施策を実施できるようになるので、効果も出やすくなるはずです。

▼施策ごとに目標を設定するのではなく、SEO全体としての目標を設定する

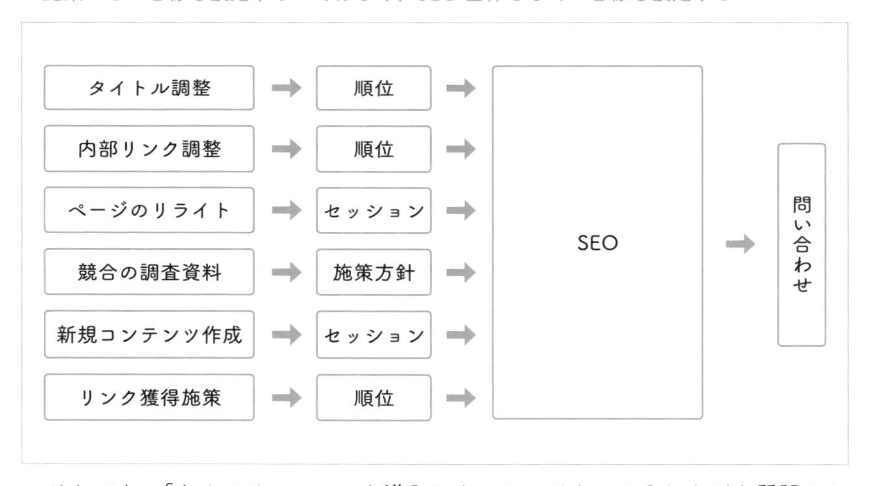

それでも、「なんでそのツールを導入しないといけないか？」などを質問される可能性はあります。こういった、それ自体が直接成果を出さないが、取り組み全体として必要な施策に関しては、このような観点で考えるといいでしょう。

①時間短縮

「手作業で調査をするととんでもない時間がかかる。その時間を短くすることで、その他の施策に取り組みやすくなる」

②精度の向上

「ツールを活用することで、最短ルートで最適解にたどり着きやすくなり、成果が出やすくなる」

限界利益から考える

SEOに取り組んで、はじめから最適な予算配分をすることは非常に難しい課題ですが、「これ以上かかってしまうと損」という視点から考えることができます。それが限界利益の考え方です。図の例で考えてみましょう。

▼限界利益の考え方

この場合だと、１つ商品を売ることで得られる利益（限界利益）は2,200円となります。

そして、この商品を売るために、100万円分の広告を実施したとします。その場合、利益は以下のように求められます。

(2,200円×Ｘ個)-100万円＝利益

たとえば、455個販売できれば、1000円の利益が発生します

(2,200円×455個)-100万円＝1,000円

売上でいうと、次のようになります

455個×4,000円＝1,820,000円

つまり、広告投資額に対し、最低でも1.82倍の売上を達成しないと赤字になります。

これをSEO（正確にいうとWebマーケティング）にも取り入れることで、赤字か黒字かの判断ができるようになります。

①商品・サービスの限界利益率を算出する
②何件販売できれば、最低でも赤字にならないのかを把握する
③会社の目標と照らし合わせ、どれくらいの利益を出せばいいかを検討する

ここでは、売上高総利益率の目標を20％とする場合を考えてみましょう。売上（販売単価）の20％ということで、目標となる利益は800円になります。

4000×0.2＝800

（800/4000 × 100 = 20%）

先ほどの限界利益（2200円）から、残したい利益（800円）を引くと、1400円まで広告費に回せる計算になります。

2200-800 = 1400

つまり、1個あたりの広告費を1400円以内に押さえれば、利益率は20%となります。

よって、この状態でSEOの予算を100万円とした場合は、以下の計算式となり、715個以上販売することができれば、利益率20%を無事に達成することができます。

100万円/1400円 = 715件
((1,400円 × 715件)-1,000,000円)/(4,000円 × 715件)
=(1,573,000-1,000,000)/2,859,000
= 573,000/2,859,000
= 0.2004
= 20.04%

※実際には広告費以外にも費用はかかるので、すべてを広告費に当てることは難しいでしょう

このように、限界利益を把握することで、「SEOを含めた施策にいくら投資できるのか？」といった判断ができるようになります。この数値が悪化しない限りは予算の追加が見込めますし、これ以上追加すると利益率が悪化するとなると予算の追加は見込めません。

なぜ私がこれだけめんどくさい話を続けたかというと、このくらい考えてお

けば、あなたの会社がSEOに取り組むべきかがまちがいなく明確になるからです。そして、

「SEOに取り組むべきなら、どれくらいまで費用を使えるのか？」
「逆にSEOに取り組むべきではないなら、どのような集客施策を代わりに実施すればいいのか？」

なども合わせて明確になります。大変時間のかかる作業ではあるのですが、こうした数値を考えることは、自然とWebマーケティング全体を考えることにもつながるのです。

社内でSEOの成果を説明する際のコツ

すべての施策について、こと細かに効果検証をおこなうのは大変です。私自身も「うまくいってそう」とか「前に戻したほうがよさそう」くらいの理解で止めてしまうこともあります。ただ、それは私がめんどくさがりだからではありません。あくまで全体の取り組みとして評価されるように、上長およびクライアントと握っているからです。

普通の施策でしたら、「いくらかかっていて、どんな効果が出ているのか」といつ聞かれてもおかしくありません。しかし、「内部リンクを設置したことでどれくらいの効果があるのか」などと聞かれても、なかなか答えられないものなのです。Googleのアルゴリズムは「何かに取り組めば何かが必ず上がる」という仕組みになっていないためです（そういった仕組みが成り立ってしまうと、容易に順位を操作できるようになってしまいます）。内部リンクを設置することで順位が上がるかもしれませんが、それはその日に別のアップデートがあった可能性や、別の要因で順位が上がった可能性を否定することはできませ

ん。よってこのような質問をされても困ってしまうため、そもそもそういった質問が上がらないようにするのがポイントになります。

こうしたことをふまえて、SEOをおこなううえで構築していきたいのが、「一連のSEOの取り組みにいくらがかかっていて、それによってどのような成果を得られたのか」を明らかにする仕組みです。

もちろん、担当者であるあなたは、可能な範囲で効果検証をする必要があります。それをサボってしまうと、マイナス影響を与えてしまっている施策があった時に、それを放置することになり、いつになっても目標達成につながらないからです。しかし、それを上長に説明したり、役員陣に説明したりするとなると、SEOの基本的な話から入ってしまったり、次第に「本当にその施策が必要なのか？」といった話に突入してしまい、内製の強みであるスピード感が失われてしまうおそれがあります。目指すべきは、

「今クォーターでは、SEOに100万円予算を投下し、その結果として問い合わせ数100件獲得を目指します」

といった会話ができるような状態です。細かい施策ごとに費用対効果を説明するのではなく、SEOの取り組み全体で費用対効果を見てもらえるようにするのです。

そのような状態を構築できれば、いちいち細かい説明をしなくても済むようになりますし、費用対効果が合い続けている限りは急に「SEOをやめろ」と言われることはないはずです。何より、上長からしても取り組みを理解しやすくなります。

あなたが施策1つ1つ費用対効果の説明をしていると、「やったほうがいいことはわかっているものの、確実に効果が出るのかわからない施策はできない」というジレンマに陥ってしまい、なかなか施策を進められない悩みを抱えることになるでしょう。それはすなわち、SEOの失敗とイコールになります。

▼施策ごとではなく、SEO 全体で費用対効果を見てもらえるようにする

第5章

依頼したことを反映してもらえない

なぜ、依頼どおり実装されないのか？

SEOで成果を出すためには、非常に幅広い業務をおこなわないといけません。1人でSEOが完結することはまずないでしょう。たとえば、施策を実装するのであれば、エンジニアやデザイナーが必要になりますし、コンテンツを制作するのであれば編集者、ライターの助けが必要になります。新しくページを作成するのであれば、商品企画チームにヒアリングする必要もあるでしょう。そして何より、上司とのコミュニケーションなどもあります。

このような多種多様なメンバーとの関わりの中でも、最も苦労するのが「施策が依頼どおり実装されない」「施策の実装が進まない」ことです。私も、コンサルタントとして、そして社内マーケターとして、これまでに何度も遭遇した事象です。

この問題は、特に自社サイトの改修を自社のリソースのみでおこなっている会社で起きがちです。外部の制作会社に依頼するケースだと、良くも悪くも依頼どおりに実装してもらえるケースが多い一方、社内の依頼の場合はよかれと思って実装内容を変えてしまうケースや、勝手に優先度を下げられてしまうことがあります。これは社内メンバーにSEOへの理解が不足していることも原因なのですが、必要性を伝えきれなかったり、適切に説明できていなかったりする担当者の問題でもあったりします。

▼依頼どおりに実装してもらえない……

なぜ、依頼どおり実装されないのでしょうか。おもに2つの理由があります。

①要件定義が曖昧なまま依頼してしまっている
②他部署との調整が入る

くわしく見ていきましょう。

要件定義が曖昧なまま依頼してしまっている

「こういったことをしたいから、このように実装してほしい」といった進め方や仕様を決めることを要件定義といいます。この要件定義が曖昧だと、依頼の失敗確率が高まります。うまくいかないパターンを3つ紹介します。

①実装内容を明確にしていない

【よくある依頼の仕方】
「Aページに、Bページへのリンクを必ず設定しておいてください」
「Aページに、canonical設定しておいてください」
「ヘッダーの問い合わせボタンの遷移先を、全部新しい問い合わせに遷移するようにしてください」

これらの依頼の特徴として、やりたいことはわかるものの、詳細までは記載されていないことが挙げられます。作業者が汲み取っていい具合に実装してくれればいいのですが、だいたいの場合は

「え、どこに設定すればいいんですか？」
「canonicalの記載って、これでいいですか？」
「新しい問い合わせって、これでしたっけ？」

など確認が必要になります。この時点で、作業者からすると負担になっています。
また、常にこのように確認してくれるとも限りません。

「とりあえずここに設定しておくか」
「canonical って、たしかこれでよかったはず」

など確認なしで進んでしまうことも多く、最終的に本番環境で意図どおりでないことに気づくこともあるでしょう。

②施策の理由や背景が明確ではない

【よくある依頼の仕方】

「リニューアル時には、必ずAページからBページにリダイレクトしてください。重要なんで、絶対お願いします」
「詳細ページに、別紙にまとめた構造化データを実装してください」

これらの依頼の特徴として、やる理由、背景が記載されていないことが挙げられます。理由が明確でなくても、実装内容が明確であれば実装自体は困らないのですが、ほかにもやらないといけないことがあったり、その施策をおこなうことで既存のページの内容とバッティングしてしまうという場合には話は別です。おそらく、あなたの依頼は厄介者扱いされるか、「次回の改修で実装しますね」と後回しにされてしまうでしょう。

③スケジュールを明確にしていない

【よくある依頼の仕方】
「では、実装をお願いします！」
「空いたタイミングでOKなので、実装よろしくです！」

理想だけで言うと、施策はすぐに実装され、テストし、そのまま実装するのか、別パターンを試すのか判断したいはずです。しかし、いつもすぐに対応してもらえるとはかぎりません。最終的には実装してもらえるとしても、完了が2週間後と2ヶ月後では天と地ほどの差があります。

一方で、作業者側からすると、スケジュールが切られていない依頼の優先度は、納期のある依頼に比べ、確実に下がるはずです。これも単純な理由で、納期を破ると怒られるからです。だからといって、夕方に「明日中に実装してください！　納期厳守でよろしくです！」などと伝えても、そもそも受理してもらえないでしょう。

他部署との調整が入る

何もサイトを変更したり、実装したりしたいのは、あなただけではありません。その他の部署の意向が優先されたり、伝言ゲームの中であなたの依頼が抜け漏れたり、別の形で実装されてしまうこともあります。これは非常に大きな問題です。実装されないならまだしも、意図どおりではない実装は、最悪の場合、サイトにマイナスの影響を及ぼす可能性もあるからです。ここではいくつかのケースを紹介します。ポイントを押さえることで、最悪の事態を回避しましょう。

ケース①　順位改善を目的に、テキスト追加を依頼したが、別部署からデザインに関する指摘が入り、知らない間に削除されてしまった

海外旅行保険の紹介ページがブログページなどよりも問い合わせコンバージョン率が高いことに気づいたあなたは、「海外旅行保険」のキーワードで1位を取ることで流入数を増やそうと考えました。そこで、キーワードとページの関連性を高めるために、以下の文章をページに追加することにしました。

> 海外旅行保険とは、海外に滞在中に遭遇する可能性のあるさまざまなリスクをカバーするための保険のことです。病気や怪我、荷物の損失や盗難、旅行のキャンセルや中断、さらには緊急時の医療搬送や身元保証など、多岐にわたるリスクが含まれます。特に海外の一部の国や地域では、医療費が非常に高額になることがあります。そのため、海外旅行保険は予期せぬ高額な医療費をカバーし、転ばぬ先の杖となる大切な存在です。

また、「どこに追加するかを明記しないと実装されない可能性がある」と思い、挿入箇所の画像も添えました。

▼どこにテキストを追加するかイメージしやすくする画像

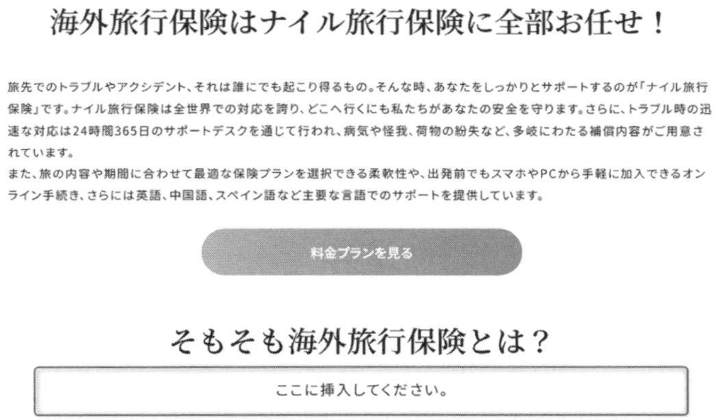

海外旅行保険はナイル旅行保険に全部お任せ！

旅先でのトラブルやアクシデント、それは誰にでも起こり得るもの。そんな時、あなたをしっかりとサポートするのが「ナイル旅行保険」です。ナイル旅行保険は全世界での対応を誇り、どこへ行くにも私たちがあなたの安全を守ります。さらに、トラブル時の迅速な対応は24時間365日のサポートデスクを通じて行われ、病気や怪我、荷物の紛失など、多岐にわたる補償内容がご用意されています。
また、旅の内容や期間に合わせて最適な保険プランを選択できる柔軟性や、出発前でもスマホやPCから手軽に加入できるオンライン手続き、さらには英語、中国語、スペイン語など主要な言語でのサポートを提供しています。

料金プランを見る

そもそも海外旅行保険とは？

ここに挿入してください。

「早く実装されないか」とウキウキしていたところ、デザインを検討する部門のミーティングで、「そこにテキストを入れると、全体的なバランスが悪くなってしまう。実装しなくていいのでは？」といった発言が出てきてしまいました。本来であれば、場所の調整など別案の提案をしてくれればよかったのですが、さまざまな事情が重なってしまい、結局実装されないどころか、共有すらされることなく2週間が経過し、「まだかな」と進捗確認をしたところ発覚したのでした。

ケース②　社外に出すものをチェックする部署の確認が入り、ページ内容とタイトルを大きく変更されてしまった

タイトルタグは設定されているものの、まだまだユーザーの検索キーワードと乖離があることに気づいたあなたは、Search Consoleの流入キーワードなどをベースに、タイトルタグの改善案をまとめました。実装者が負担がかから

ないようにと、URLとタイトルタグをわかりやすいようにまとめ、そのうえでさらに変更箇所を赤字にするなどの工夫も施しました。

▼依頼のイメージ

現タイトル	変更後タイトル
マーケティング担当者必見！ホワイトペーパーで効果的なコンテンツマーケティングを実現する方法	ホワイトペーパーでリード獲得につなげるコンテンツマーケティングを実現する方法

現ディスクリプション	変更後ディスクリプション
ホワイトペーパーを活用したコンテンツマーケティングの成功事例と、その効果的な戦略について解説します。	ホワイトペーパーを活用したコンテンツマーケティングのリード獲得成功事例と、その効果的な戦略について解説します。

「早く実装されないかな……」とウキウキしていますが、あなたの会社は言葉のルールにかなり厳格な会社で、カタカナ表記とひらがな表記の統一だけでなく、「そもそもこの表現は使用できない」などのルールが定まっていました。そして、「ユーザーが使っているから」と実装案に含めたキーワードのいくつかは変更され、想定どおりの実装とはならなくなってしまいました。

調整する前に確認してほしかったのですが、共有のタイミングや部署間のやりとりに時間がかかってしまった結果、「実装されないよりはいいだろう」とあなたに戻されることがないまま実装されてしまいました。

ケース③　ほかの施策の実装を優先されてしまい、そのタイミングの改修では実装されなかった

あなたは検索エンジンのクロールを大きく妨げている要因に気づきました。商品詳細ページ同士の内部リンクが、まったくといっていいほどなかったのです。「ほかの人はこちらの製品も見ています」と表示することで、対検索エン

ジン向けだけでなく、ユーザーにも便利であると判断し、その実装を依頼しようと考えました。そのまま依頼すると実装する人の負荷が大きいため、

「可能であれば、こういったロジックで表示してほしい」
「場所はこの位置が希望だけど、難しければ相談してほしい」
「スマホではこの表示で頼みたい」

と、かなり丁寧に仕様をまとめて依頼しました。

▼仕様を丁寧にまとめたもの

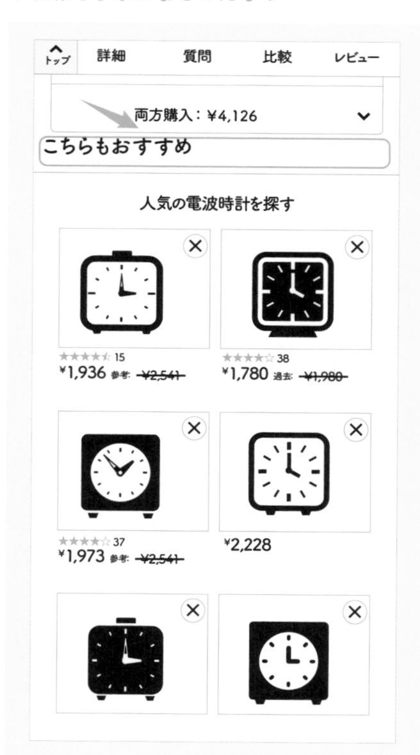

- **見出し**：こちらもおすすめ
- **紹介個数**：6個（SP、PC共通）
- **紹介ロジック**：同じ小カテゴリーのランキング上位順に表示し、6個に満たない場合は、中カテゴリー ➡ 大カテゴリー ➡ 商品全体の順で表示してください。
- **表示項目**：商品画像、レビュー、価格を掲載してください。
- **スマホ、PCに関して**：スマホの場合は2列×3行、PCの場合は1行で表示をお願いします。

「よし、これで一気に改善するぞ」とワクワクしていたあなたですが、じつは同時に「新しい製品ページを作成する時に入稿する手間がすごくかかっているため、CMS導入を進めないとまずい」という話が進んでいたのです。「どちらも重要だ」という認識でしたが、リソースの問題からCMS導入が優先され、「このタイミングでは実装が難しい」と伝えられてしまいました。

どの話もかなりしんどい話ではありますが、このような話は非常によく聞きます。

「依頼どおりに実装されない」事態を避けるには

依頼どおりに実装されないという事態を避けるためには、どうすればいいのでしょうか？

ポイントは3点あります。

①依頼の要件をしっかりと固めて共有する
②施策実装担当と密にコミュニケーションをとる
③社内全体のSEOの理解度を上げる

依頼の要件をしっかりと固めて共有する

まずは実装内容、実装目的、スケジュール感を明確にし、施策を実装する人の負担を可能な限り下げるのがポイントです。

P.108のケース②は依頼要件をしっかりまとめているように見えますが、肝心の「なぜその施策をおこなうのか？」という部分が結局は伝わっていませんでした。

「会社としての文言規則があることは理解していますが、マーケティングの観点ではユーザーの認識しているキーワードに揃えるべきだと考えています。実際に変更することで、順位改善の可能性があり、目的どおりに改善できれば、セッション数がそれだけで毎月100セッションも増えるのです」

ここまで伝えれば、「それなら検討してみよう」と言ってもらえたかもしれません。施策の内容だけでなく、「なぜやるのか？」もしっかりと伝えるようにしましょう。

その際のコツは、なるべく共通の指標を用いることです。

たとえば、「順位が改善する」はあなたからすると死活問題ですが、ほかの人からするとそこまで重要ではないかもしれません。しかし、「セッション数が増える」とか「問い合わせ増につながる」など関係する部門の人にも重要な指標であれば、幾分かは話が進みやすくなるでしょう。

依頼される側も、ロボットではありません。「なぜその施策を実装しないといけないのか？」を明確にしたほうが話はスムーズに進みますし、実装するにあたってハードルがあったとしても協力してくれるでしょう。

▼指標によって話の進みやすさは変わる

● 相手がイメージしやすい指標に合わせる

△ 順位 ➡ ○ セッション

△ クリック率 ➡ ○ 問い合わせ数

実際に私が依頼するとしたら、このように記載しておきます。

リニューアル時には、必ずAページ（URL：）からBページ（URL：）に301リダイレクトの設定をお願いします。この設定をしないと、検索順位が下落し、流入数が大幅に減少し、問い合わせ数減にもつながるので、確実に対応お願いしたいです！　不明点があればいつでも質問してください。

詳細ページに、別紙にまとめた構造化データを実装してください。こちらを対応いただくことで、検索結果が添付画像のように表示され、検索結果の専有面積が大きくなり、クリック数の増加が見込めます。OKRの達成にも関わってくる施策なので、ぜひとも優先していただきたい施策となっております。対応よろしくお願いいたします！

もちろん、この内容が正確に伝わるかは受け取り側に依存する部分もありますが、少なくとも重要な施策であることは伝わるはずです。また、情に訴えかけるわけではないですが、「やってもらわないと困る」ことを示すために、自身の追いかける目標に関わることなどを伝えるといいでしょう。

施策実装担当と密にコミュニケーションをとる

P.110～113のケース①～③の最大の失敗はコミュニケーション不足です。疑っているわけでも信頼しないわけでもないですが、「依頼を投げたら、そのとおりに進む」とは思わないほうがいいです。基本的にみんな忙しいうえ、部署が異なれば施策の実施背景の理解が完璧といえないことも多く、ケース②のように実装内容を変えられてしまうこともあるからです。

それを避けるためには、事前に「基本的な依頼～実装のスケジュール感」「直近のタスク状況」などを押さえておくといいでしょう。

　じつはこの施策、効果がかなり見込めるので、来週の火曜日には公開したいのですが、可能でしょうか？　難しければ、来週中での実装をお願いします！

　今、比較的リソースが空いていると伺いました。明日の11時までに依頼を固めるので、来週の火曜日公開でいけますか？

　このように、現実的なスケジュールと、代替案を合わせて依頼するといいでしょう。
　また、相手とある程度面識があれば、事前に

「こういった依頼をしようと思っているんだけど、今ってリソース大丈夫ですか？」
「過去にこういった施策を実装したことある？」
「ぶっちゃけ、○○さんってこの手の施策に対してどう思うかな？」

　などインナーコミュニケーションをとるのも1つの手です。
　そして、繰り返しますが、中間確認なしで、最後まで実装してもらうのは一定のリスクがあるので、

「例の依頼、順調ですか？」
「この前の依頼、けっこう複雑でしたが、気になるところなどなかったですか？」

と定期的に確認するといいでしょう。

社内全体のSEOの理解度を上げる

これは相当時間がかかる話ではありますが、全員が「SEOって、くわしいわけじゃないけど、念頭において進めたほうがよさそう」くらいの認識になっていると、施策はかなり進めやすくなります。逆に「SEO？　なにそれ？やる意味あるの？」くらいの理解だと、逆風がすごいです。逆風が吹き荒れると、施策どころか、あなた自身が会社で仕事をしにくくなってしまいます。以下の取り組みにチャレンジしてみてください。

社内勉強会

制作チームと良好な関係を築けたとしても、仕事は仕事なので、より重要なものから取り組むはずです。制作チームにも「SEOが重要な取り組みであること」を理解してもらう必要があります。

そのためにおこないたいのが、社内勉強会です。勉強会というと、「そんなの教えられるほど知識ない」と思うかもしれませんが、まずは以下のような全体感に関する話をしてみましょう。

- 目的「なぜ弊社でSEOに取り組む必要があるのか？」
- 効果「SEOに取り組むことでどんな効果があるのか？」
- 方針「どのような方針でSEOに取り組もうとしてるのか？」
- 施策「具体的に何をすればいいのか？」

こうした話であれば、SEOを推進する立場ならば、ひととおり話せるはずです。この取り組む意義を明確にしないと、実装するメンバーも乗り気にならないでしょう。

2回目の勉強会で話してほしいことは、検索エンジンの仕組みと実装時に気をつけるべきポイントに関してです。

- 検索エンジンの仕組み
- SEOを意識するうえでマイナスになってしまう施策
- 意識するといいポイント
- （余裕があれば）現在のサイトの課題や伸びしろ

この手の話をしておけると、万が一あなたの目が行き届かなかったとしても、SEOに悪影響のある実装を避けられる可能性が高まります。

この話は専門的な領域なため、準備は1回目に比べると大変です。しかし、この勉強会がうまくいくと、マイナスの実装がされる可能性が減るだけでなく、

「SEO的に、ここってどうすればいいのですか？」
「ここの実装って、この前の勉強会で言ってた話ですよね？　SEO的にまずいですよね？」

といった、前向きなコミュニケーションが発生することも期待できます。

▼社内勉強会への感想

今回の勉強会への率直な感想をお願いします！

8 件の回答

すが、資料も分かりやすかったです。サイト調査だと以前経験があるのは keywordmap で結構ざっくり出していた感じなので流れが把握できて良かったです。

ツールを使う部分は、実際に手を動かさないと覚えないだろうな。と思いましたが、キーワードは「目的」に合わせることが第一で、カテゴリー分け、深掘り、検証と段階を踏みながら行うものであることは理解できました。（今担当しているのはコンサルが入らないクライアントなので）先方のキーワードで記事を作ることが大半になっていますが、そのまま書くのではなく追加や狙いの変更といった提案に活かせそうです。

KWがどのような行程を踏んで、練り上げられているかがわかったのでスッキリした。

しっかりと全体の流れを踏まえてから説明してもらったので、わかりやすかったです。目的に立ち返るは心に刻んでおきます。

単なるtipsだけでなく、それに至る考えなどがきちんと整理された上での講義だったので、すごく有益でした！（復習は必要だけど）

わかりやすいの一言です。これからもよろしくお願いいたします
（すみません、未送信だったのに気づきました...）

情報共有

数回の勉強会ではなかなかSEOへの意識は定着しません。そこで取り組みたいのが「定期的に情報を流すこと」です。

情報を流すことで、制作メンバーが定期的にSEOの情報にふれられるようになりますし、自分の勉強にもなるため非常にオススメです。

実際に私も社内にSEOの情報を流していますが、反応率はニュースによってまちまちです。個人的に好きな重箱の隅をつつくようなテック系のニュースの反応はほとんどないですが、「この日に大きな順位変動がありました！」のようなわかりやすい話の反応は大きく、Slackの投稿にスタンプが多く付きます。

クイズ

社内のほとんどの人がSEOを知らないという場合には、最新ニュースだけではなく、「SEOの基本」「検索エンジンの仕組み」などをクイズのように出すのも1つの手です。

「ページのタイトルを変更することは順位に影響する。〇か×か？」
「順位を上げるためには外部リンクを購入してもいい。〇か×か？」
「サイトリニューアルの時には、順位が下落しやすい。〇か×か？」

こんなイメージです。長々とした文章は読んでくれないかもしれませんが、クイズだったら興味をもつ人は多いです。
「なぜ、たかだか依頼するだけでこんなことまでしないといけないのか」と感じたかもしれません。しかし、こんなことまでしても、実装ミスや人的エラーなどがあるのが現実です。極力ミスを減らすためにも、依頼して終わりではなく、最後までチェックするほか、社内全体でSEOの理解度を向上させていきましょう。

「貸し借りの関係」に敏感になる

結局のところ、人対人のコミュニケーションなので、「貸し借りの関係」に敏感になることが実装をスムーズに進めるために重要だったりします。もちろん、SEOの施策の実装は仕事上必要なことですので、依頼を遠慮することはありません。しかし、遠慮しないことと配慮しないことは違います。こちら側からの依頼が多くなってしまうと、「こっちばかり対応してしまっている」と感じがちです。

部門が違うと協力できることが少ない場合もありますが、相手のお願いごとに関してはスピーディーに対応するなど協力的な姿勢を見せることはとても重要です。たとえば、制作部門ならば、新しいサイトのデザインに関するアンケートに協力したり、採用に関して協力するなど、できることは意外とあります。社内の共有チャンネルなどあれば、そこで制作チームの勇姿を共有するのも1つの方法です。依頼→実装で終わるのではなく、どんな成果が出たのかなどを共有し、一緒にプロジェクトを進めている感覚をもってもらうことなども重要です。

そこまでがんばっても、施策が進まなかったり、意図どおりの実装になっていない場合は、本格的にリソースが足りない可能性が高いです。それ以上疲弊しないためにも、素直に外注先を探すことをオススメします。

第6章

コンテンツづくりがうまくいかない

そもそもコンテンツづくりが難しい理由

「コンテンツづくりがうまくいかない」という相談をよくいただきます。しかし、うまくいかなくて当然と言えるほど、コンテンツづくりは難しいタスクです。経験やスキルだけではなく、ユーザーの理解や、「良いコンテンツを作る」という情熱が必要とされるからです。SEOを意識したコンテンツであれば、検索エンジンも意識する必要があるため、難易度はさらに上がります。

伝えたいことだけ書くのはNG

SEOでは、ユーザーに検索してページにたどりついてもらうために、「ユーザーに何を伝えたいか？」よりも

「ユーザーは何を知りたがっているのか？」
「ユーザーはどんな課題を解消したいのか？」
「ユーザーが改善したいことはなにか？」

に重きをおいてコンテンツをつくります。言葉の意味など内容に大きく変わりがないものであればいいのですが、「痩せ方」など取り組み方が人の経験や知識、そして情報の受け取り手によって変わる場合は、コンテンツの内容に苦労します。

どんなユーザーが、どんな情報を見たいのかを考えるのは本当に大変です。

また、ユーザーのニーズは一定ではないため、万が一ドンピシャでニーズに完全に応えるコンテンツを作れたとしても、次の日には完璧ではなくなっている可能性があるのです。

コンテンツづくりそのものが目的になってしまいやすい

「商品を売るためには、もっと多くのユーザーと接点を設ける必要がある。検索して探しているユーザーに自社サイトを見せることができれば商品購入につながるかもしれない。だから、自然検索からの流入を増やしたい」

これはいいと思います。しかし……

「自然検索からの流入を増やせれば、売上も上がるのではないか。だから、自然検索からの流入を増やしたい」

これはかなり飛躍していますね。おそらく、この状態で自然検索からの流入を増やしても、あなたのサイトを見て悩みや気になっていることが解消される人が増えるだけで、言ってしまえばボランティアの一環にしかなりません。もちろん、それはそれで意味のあることかもしれませんが、「売上につながるか」と言われると難しいでしょう。

コンテンツづくりの第一歩は、コンテンツを作り、ユーザーに届け、どんなアクションをとってほしいか、そしてそのアクションが目的につながるのかを明確にすることです。この作業をしないと、本当にボランティアになってしまい、気づくと毎月の本数のノルマに合わせて無理やりコンテンツを作成したり、「なんとなく面白そうだから」など目的不在でテーマを選定したりしてしまうのです。これは決して笑い話ではなく、本当に起きうる話です。

どのようにコンテンツを作ればいいか

コンテンツの作成にあたって明確にしたい3つのポイント

先ほどもふれたように、気をつけないとコンテンツを作ることそのものが目的になってしまいます。それを防ぐためには、次の3つのポイントを意識することが重要です。

①目的を明確にする
②目的を「ユーザーに期待するアクション」に落とし込む
③測定指標を設定する

①コンテンツ作成の目的を明確にする

コンテンツ制作はあくまでも手段なので、その裏には必ず目的があるはずです。たとえば、先ほど述べたような「商品を探している人との接点をつくるため」などがそれにあたります。

また、目的を明確にすることで、チームに課題や改善ポイントの共通認識が生まれ、コンテンツ制作にも一貫性が生まれます。

②目的を「ユーザーに期待するアクション」に落とし込む

最初に思いついた目的は抽象的であることが多いため、具体的に「ユーザーに期待するアクション」に変換しましょう。ユーザー像が明確になると、今後のコンテンツのテーマの選定や測定指標の設定も容易になります。

③測定指標を設定する

最後に、ユーザーに期待するアクションを測定する指標を設定しましょう。シンプルに期待するアクションがおこなわれたかを測定すれば大丈夫です。

これらのポイントを、3つの例で確認してみましょう。

例1：家電製品を扱うECサイト

【目的】

注力商品である有機ELテレビの購入者数を増やす。

【ユーザーに期待するアクション】

有機ELテレビの購入を検討しているユーザーにサイトへ訪問してもらう。

そこで有機ELテレビの映像がきれいであることなどの魅力を理解してもらい、商品詳細ページに遷移してもらう。

最終的には、商品購入もしくは購入相談の問い合わせをしてもらう。

【測定指標】

- セッション数
- 商品ページの遷移数
- 商品購入数
- 相談申込数

例2：会計システムを扱うBtoBサイト

【目的】

会計システムの導入を検討しているユーザーとの接点をつくる。

【ユーザーに期待するアクション】

現状の会計ソフトに課題を感じているユーザーにサイトを訪問してもらう。

自社の会計ソフトでその課題が解決できること、さらにさまざまな機能で便利になることを理解してもらう。

最終的には、導入相談の問い合わせ、もしくは資料請求をしてもらう。

【測定指標】

- セッション数
- 導入相談申込数
- 資料請求数

例3：さまざまな商品の比較サイト

【目的】

特定ジャンルの商品の購入を検討しているユーザーとの接点をつくる。

【ユーザーに期待するアクション】

商品の選び方や、比較を検索しているユーザーにサイトへ訪問してもらう。

商品の選び方や購入する必要性を理解してもらったうえで、それぞれの商品のメリット・デメリットをくわしく理解してもらう。

最終的には、最適な商品を購入してもらう。

【測定指標】

- セッション数
- 商品購入数

このように、具体的な目的から期待するユーザーのアクションへと理解していくことで、ユーザー像や測定指標も自然と見えるようになります。

必要なコンテンツの本数を考える

そもそも考えてほしいのが「コンテンツ数を増やさないといけないのか？」という点です。たとえば、先ほどの例1であれば、有機ELテレビを購入する可能性がある人が検索する情報を拡充することがまず考えられるでしょう。たとえば、以下のようなトピックがあります。

- 有機ELテレビの寿命
- 有機ELテレビそれぞれの商品紹介と比較
- 有機ELテレビの電気代

特に、商品同士の比較は相当な数になるはずです。どんな情報が必要かは、ユーザーニーズや、第2章のキーワードの出し方などを参考に考えてみてください。

このように、テーマに対してトピックが多数ある場合は、それに合わせてコンテンツ数を増やす必要があり、丁寧にトピックを押さえていくことは、有機ELテレビの購入を検討している人との接点を広くもてるという意味で有効でしょう。

▼ターゲットユーザーからキーワードを広げていく

コンテンツ数を増やす必要があることがわかったところで、問題はそのスピード感です。1ヶ月1コンテンツのペースで延々とやっていければいいのですが、だいたいはあなたに課せられた目標があるはずです。

- 有機ELテレビのECサイト経由購入数50件
- 有機ELテレビのECサイト売上1,000万円

などです。それを達成する1手段がコンテンツ制作なわけで、その目標から逆算してコンテンツ数などが決まっていきます。

このように、コンテンツ数は目標とその達成猶予期間によって速度が決まるため、1ヶ月で10本制作するスケジュールが設定される場合もあれば、1ヶ月で30本作らないといけないというスケジュールになる場合もあります。

そこで必ず問題になるのが、「質を担保したまま量を増やせるか？」という点です。月に1本であれば懇切丁寧にコンテンツを作成できるかもしれませんが、月に30本、つまり1営業日に1本以上のペースで作成するとなると、正直なところチェックが行き届かないコンテンツが出てきてもおかしくはありません。あなた1人でコンテンツを作成するとすれば、1コンテンツに充てられる時間は当然減るので、質をキープしながら、コンテンツ数を担保するとすると、コンテンツ制作にかけるリソースを増やす以外にありません。もちろん、業務効率を見直すことで改善できる部分もありますが、限界はあります。

この話をすると、よく言われるのが「現状のリソースに合わせて取り組みを変える」という話です。もちろんそれでもいいのですが、現在のSEOは少なくとも0から数コンテンツを毎月作成するよりは、最初は気合を入れて数ヶ月で必要なコンテンツを作成したほうが効果的な場合が多いです。コンテンツ制作が現実的でなければ、諦めるのも1つの手です。

▼ペースによって差が出てくる

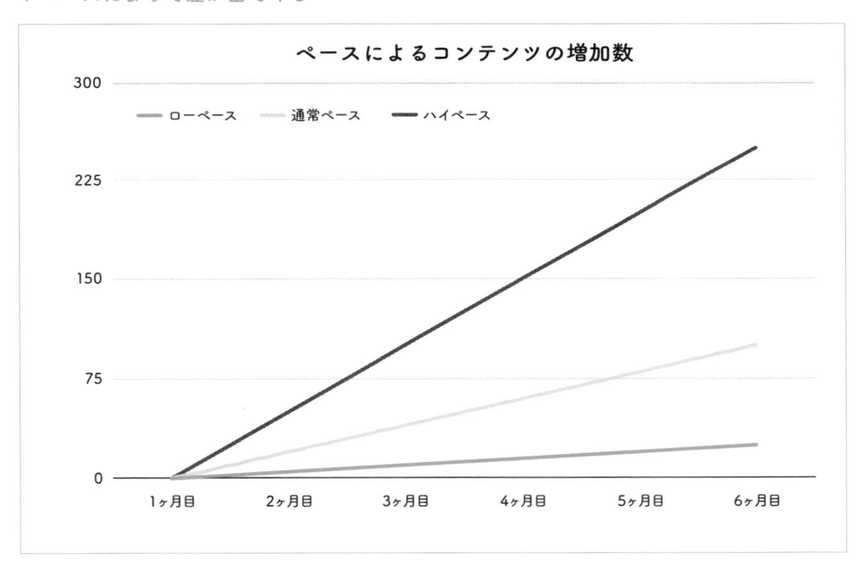

第三者の目でのチェック＋専門知識の担保ができる体制をつくる

重い話が続いていますが、ではどうやってそんな無理難題を乗り越えるコンテンツをつくっていけばいいのでしょうか。このあたりの進め方は好みや取り組みやすさなどもありますが、個人的なおすすめは、まずは編集長―編集者―

ライターという体制をつくることです。

編集長というポジションが必要な理由は、最終的に第三者の目線でのチェックが可能になるからです。ライターが書いてくれたコンテンツを、編集者が読みやすい内容に調整したり、ファクトチェックなどをしたりするわけですが、そうして出来上がったコンテンツを第三者目線で最終チェックできれば、コンテンツの読みやすさや必要な情報の網羅性などは十二分に担保できているといえるでしょう。

体制を考えるうえで最も重要なのは、専門知識を備えているかどうかです。流入数ほしさに自分の知らないコンテンツを作り続けるのは限界があります。最低限コンテンツをチェックするメンバーの１人は、そのコンテンツのテーマを一般の人よりも理解している必要があります。

「専門知識はないものの、コンテンツとしては必要」という場合には、多少面倒でも社内の別チームで専門知識を備えているメンバーへ依頼したり、社外の方に監修を依頼するなど、なんとかして専門知識を担保するべきです。専門知識なしで書かれたコンテンツは、２つの意味で逆効果の可能性があります。

①すでに同じコンテンツがあり、インデックスされない可能性もある

検索エンジンがインデックスできる数は有限であり、世の中にすでに同じようなコンテンツがあると、検索エンジンはインデックスしない可能性もあります。普通に作成しているコンテンツであればそこまで気にする必要はないのですが、検索結果の上位ページのツギハギのようなコンテンツであればインデックスされない可能性があります。

②結局ユーザーに再検索されてしまう可能性が高い

コンテンツを読んでもらったとしても、情報が不足していたり、不正確な情報があったりすると、結局ユーザーは再度検索をおこない、別のページを探し

ます。ユーザーの多くは、内容に納得したからこそ次のページへの遷移や購入などのアクションをおこなうため、内容の正確性と充実度は絶対に手を抜けない部分です。この点が欠けていれば、仮に高い検索順位を獲得しても、目的は果たせないでしょう。

効率よくコンテンツを作成する10のステップ

では、どのようにコンテンツを作成するといいのでしょうか。目的設計については「コンテンツの作成にあたって明確にしたい3つのポイント」で説明したので、ここではその続きの作り方について紹介します。

今回は、SEOに関連するタスクにも対応する「編集長」と「編集者」そして「ライター」の体制を前提に紹介していきます。

▼コンテンツ作成の10ステップ

①編集長がユーザー像を検索キーワードに落とし込む
②編集長が作成するコンテンツを大枠のテーマに分ける
③そのテーマで編集者、ライターに構成を作ってもらい、編集長が調整する
④ライターがコンテンツを執筆する
⑤出来上がったものを編集者が専門家の視点+ユーザーの視点+目標が達成されそうかをふまえて調整する
⑥編集者がわかりやすい表現に調整しながら、強調表現などを検討する
⑦編集者が入稿作業の依頼をまとめて外注する
⑧編集者がタイトル、メタディスクリプションを設定する
⑨編集長が最終確認し、公開する
⑩編集者が公開後にチェックする

①編集長がユーザー像を検索キーワードに落とし込む

「目的のアクションを取ってくれそうな人が」「関心のありそうなことを」検索する時に、どのようなキーワードで検索するのか考えていきましょう。

たとえば、SEOコンサルティングの問い合わせを獲得することが目的であれば、ユーザーは「SEO」単体で検索するかもしれませんし、「SEO 費用対効果」と検索する可能性もあるでしょう。それまでにSEOに取り組んだもののうまくいかなかったユーザーは「SEO 意味ない」「SEO 無駄」などの検索に派生する可能性もあります。

このように、最初からただキーワードを出すだけではなく、「だれが、何を求めて検索するのか？」を意識すると、よりリアルなユーザーの検索に近づけるでしょう。

②編集長が作成するコンテンツを大枠のテーマに分ける

全キーワードでコンテンツを作成するわけにはいかないので、「SEO 費用対効果」「SEO ROI」のような検索意図が近いものはグルーピングすることをオススメします。

コンテンツは複数のキーワードで表示されるため、より丁寧にグルーピングする場合には、検索結果の重複度などからコンテンツ内容を分けるかどうかを考えることもあります。ただ、まずは最低限意味が近いものをまとめ、リソースを無駄に使わないようにしましょう。ChatGPTを活用し、「似た意図の検索キーワードをまとめて」などと依頼すると、すべて自分で取り組むよりも比較的かんたんにグルーピングすることができるでしょう。

③そのテーマで編集者、ライターに構成を作ってもらい、編集長が調整する

コンテンツの構成を作成することで、専門知識を注入することが目的です。

執筆者が知識を備えている場合は、編集長は文章全体の読みやすさを調整することに集中してもいいと思いますし、そうでなければコンテンツをしっかり専門家に監修してもらう必要があります。

初稿のタイミングでチェックするのも1つの手ですが、すべてボツになる可能性があるため、構成を考えるタイミングでのチェックをおすすめします。また、チェックは単純に「この内容にしてほしい」といった話だけでなく、「ここは特にわかりにくいので実例を交えて書いてみてほしい」など、どのように伝えてほしいかなども合わせて伝えるとさらにいいでしょう。

このように構成のダブルチェックをおこなうと、ユーザーの欲しい情報をしっかりと押さえつつ、それらを正しく伝えることができます。

④ライターがコンテンツを執筆する

構成がしっかりしていれば、コンテンツは比較的作りやすくなるはずです。1つポイントとしては、後々の確認作業を考え、参考にしたコンテンツなどがあればメモしておくことをおすすめします。堂々と内容をパクることはないと思いますが、結果としてかなり似てしまったとか、画像が瓜二つになってしまうなど、意図せず引用の域を超えてしまうこともあります。後でチェックするためにも、参考にした情報はしっかりとメモしておきましょう。

また、執筆時にはテキストだけでなく、画像の指示も残しておけるといいです。実際に作成するかはさておき、

「テキストが続いているので、画像を置いたほうが読みやすそう」
「これはテキストよりも画像のほうが頭に入ってくるぞ」

と思う箇所があれば、「画像設置箇所」としてメモ、可能であればラフ案を描いておけると、よりイメージが湧くでしょう。

⑤できあがったものを編集者が専門家の視点＋ユーザーの視点＋目標が達成されそうかをふまえて調整する

コンテンツのチェックで最優先でおこなうべきは、内容が正しいかどうかを専門家の目線で確認することです。兎にも角にも最優先です。ライターでは表現しきれなかった曖昧な部分などがあれば、しっかりと調整しましょう。

そのうえでわかりにくい箇所やロジックが成立していない箇所があれば、合わせて調整しましょう。

⑥編集者がわかりやすい表現に調整しながら、強調表現などを検討する

続いて、編集者にバトンパスをします。ここでは、ユーザーにとって読みやすい文章になっているかチェックします。誤字脱字がないかどうかも、このタイミングで完全にチェックしておきましょう。

また、強調表現が一切ないコンテンツは非常に読みにくいため、太字や下線、網掛けなどを用いて読みやすくするのも忘れないようにしましょう。ポイントは

「入稿作業をする人が一切困らずに対応できるようにすること」

です。自身が入稿作業をすると考えた際に、質問せずにできるようにするのが理想です。

このタイミングで用意・作成してもらいたい画像に関しても、依頼をまとめておきましょう。経験上、「この画像っぽくしてください！」とURLを渡してしまうと、瓜二つな画像ができあがってしまうこともあるため、ライターが作成してくれたラフ案をベースに依頼するといいでしょう。

⑦編集者が入稿作業の依頼をまとめて外注する

作業内容を固めることができれば、入稿作業はだれがやってもスピード以外は

変わらないはずです。そこで、この入稿作業は積極的に外注化を試みましょう。

ポイントは、なるべくSlackのようなコミュニケーションの取りやすい環境下で依頼することです。経験上、きちんと説明したつもりでも、作業者からするとどうしても気になる箇所が出てしまうからです。

また、CMSの仕様などを毎回説明するのは大変なので、一定期間依頼し続けられる人をアサインできるといいでしょう。

画像の作成に関しては、できれば入稿作業をおこなう人と別の人に依頼し、作業が最短で進むように意識しましょう。また、テキストと違って画像は後からの調整が難しいため、ミスがないように依頼および納品物のチェックは丁寧に実施しましょう。

⑧編集者がタイトル、メタディスクリプションを設定する

コンテンツができあがったタイミングで、タイトル、メタディスクリプション（HTMLのメタタグの一部として、ウェブページの内容を要約する短いテキストのこと。検索結果に表示されることが多く、ユーザーがページの概要を理解するために参考にされる）を設定しましょう。SEOは、タイトルがカギといっても過言ではありません。ユーザーは、検索結果上で、タイトルを中心にクリックするページを選ぶからです。

タイトルの調整は非常に重要ですが、押さえるべきポイントは意外とシンプルです。

- ユーザーが探している情報がそのページにあると思えるテキストになっているか？
- 検討した検索キーワードが含まれているか？

この2点を意識して、タイトルを設定してみてください。

メタディスクリプションに関しては、80文字程度でコンテンツの内容をま

とめつつ、ユーザーが読んでみようと思える文章を心がけてください。

このタイトル、メタディスクリプションを設定する作業は、SEOを意識したコンテンツ作成において非常に重要なのですが、これまでの作業がかなりハードなため時間を割いて検討できないこともあるかもしれません。しかし、タイトル設定で手を抜くのは絶対にNGです。ここを踏ん張れるかどうかで、コンテンツの成果は大きく変わります。あと一歩です。気を抜かず考え抜いたタイトル、メタディスクリプションを設定しましょう。

⑨編集長が最終確認し、公開する

いよいよ公開の時です。とはいえ、テキストだけで見るのと、入稿されスマホやパソコンで見るのとでは、印象は大きく変わるはずです。最終確認は、コンテンツの内容だけでなく、強調表現や画像のチェックなども含めて、丁寧におこないましょう。

古典的なやりかたですが、声に出すとミスに気づきやすいです。特にスマホ画面でのチェックは念入りにおこなってください。入稿作業は、多くの場合パソコン環境で実施されるため、スマホで見ると若干ずれていたり、画像サイズが合っていなかったりするためです。

ここまでチェックして問題がなければいよいよコンテンツ公開となるわけですが、一度に大量に公開したり、夜遅くに公開したりするのは避けましょう。一度に公開すると、各コンテンツがインデックスされたかどうかをチェックするのが難しくなります。公開予定のコンテンツが溜まっていたとしても、「3コンテンツを公開し、残りは明日以降に予約投稿する」など、無理にその日中に公開しないことをおすすめします。夜中に公開するのは、ややブラックな印象がついてしまうのと、シェアされやすさの観点などから考えても避けるべきです。

⑩編集者が公開後にチェックする

公開後も、念のために実機でのチェックをおこなっておくといいでしょう。この作業は編集者が実施するなど、編集長と別メンバーがおこなうようにしてください。

以上、かなり長い道のりでしたが、このように編集長─編集者─ライターという体制でコンテンツ制作に取り組むことができれば、しっかりとチェックを入れながらも効率的に進めることができます。

この体制の良いところは、編集長以外は業務委託の方など外部のメンバーに依頼しながら進められる点にあります。実際に、私は編集長、業務委託の編集者、編集者つきのライター２名という体制でオウンドメディアを運用し、安定的にコンテンツを月に10本～20本作成しています。

外注というとどうしても気がひけるかもしれませんが、冒頭で説明したように社内メンバーに執筆してもらうとなると、かなり気を使って依頼をしたり、スケジュールが遅れていても急いでもらいにくかったりします。一方で、正社員でライターを採用するのもけっこう大変なことです。単純にスキルがあるかだけでなく、カルチャーマッチするか、本人の将来的にやりたいことが会社でできるのかなど、考えることが非常に増えます。そういったことを考えても、外部の方と取り組んだほうが効果的に進められる場合が多いと思います。また、外注とはいえ、熱い想いをもってくれる人はいます。後はひたすらに「良いコンテンツを作っていこう」という熱意をもつことです。

とても難しい効果検証

コンテンツ制作で悩ましいのが効果検証です。私は今でも難しいと思っていますし、時々苦戦します。

そんな効果検証で考えないといけないのが、次の２点です。

- いつ、何を効果検証をするか
- 効果検証をふまえて、どのようなアクションをするべきか

順に見ていきましょう。

いつ、何を検証するのか

効果検証と言われても、そもそも「効果」が何を指しているかを意識しないと、どんなデータを取得しないといけないかが見えてきません。しかし、「効果」は、コンテンツ制作の際に目的として検討しているはずです。「セッション数」「問い合わせ」「資料ダウンロード」「商品購入」「ページ遷移」などがそれにあたります。何のためにコンテンツを作成したのか、しっかりと思い出してください。

効果検証には、いつ実施するかというポイントもあります。SEOを意識して作成したコンテンツは、２段階に分けて検証してみてください。

１段階目は、「コンテンツがインデックスされたかどうか」です。これは、

公開後1日目～1週間の間でおこないましょう。当然ながら、検索結果に表示されないとユーザーの目に触れないからです。

なお、コンテンツがインデックスされたかどうかを確認するためには、Google Search Consoleの「URL検査」機能を用いるのが一番正確です。

まず、以下の図のように、Search Consoleの上部の入力欄にインデックスされたか確認したいURLを入力します。

▼インデックスされたか確認したいURLを入力

入力すると、以下のような画面が表示されます。この際にページのインデックス登録の項目に「ページはインデックスに登録済みです」と記載があれば、問題なくインデックスされています。

▼「ページはインデックスに登録済みです」ならインデックスされている

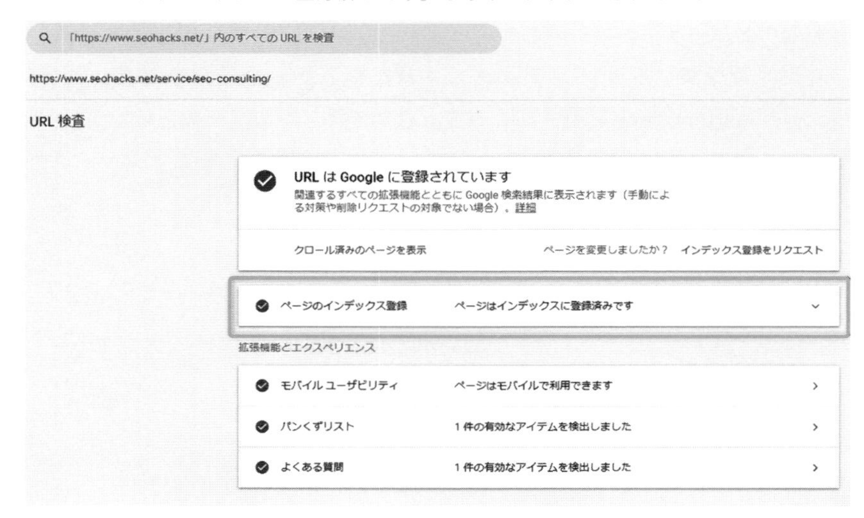

しかし、毎回この作業を実施すると、それなりの時間がかかるため、簡易的ではありますがGoogle検索を駆使するインデックスの確認方法も覚えておきましょう。

Google検索で、site:{調査したいURL}と入力してみましょう。具体的には、以下のようなイメージです。

site:https://www.seohacks.net/blog/3036/

▼検索してインデックスされたか確認

site:https://www.seohacks.net/blog/3036/

画像 動画 書籍 ショッピング ニュース 地図 フライト ファイナンス

約 1 件 （0.10 秒）

Google プロモーション

Google Search Console をお試しください
www.google.com/webmasters/
www.seohacks.net/blog/3036 のオーナーですか？インデックス登録やランキングに関する詳細なデータを Google から入手できます。

seohacks.net
https://www.seohacks.net › ブログTOP › マーケティング

リード獲得とは？見込み顧客を集める方法を解説
2023/08/09 — リード獲得とは、見込み顧客の名前や連絡先などの情報を集めることです。リードを獲得した後に、ユーザーの購買意欲を高めるような情報提供をすること ...

このように検索結果に該当のページが表示されれば、インデックスされていると考えていいでしょう。あくまでも簡易的な調査ではありますが、便利なのでぜひ活用してみてください。

2段階目は、いよいよ「施策の効果が出たか」という意味での効果検証になるのですが、これを実施するタイミングはサイトによって異なります。なぜなら、SEOは検索エンジンにはクロール、インデックスされた後に順位づけされるフェーズ（ランキング）があるのですが、この順位がどのタイミングでポテンシャルを発揮した状態となるかはサイトによってまちまちだからです。順位が付き始めてからいったん落ち着くまで2ヶ月くらいかかるサイトもあれば、翌日には1ページ目に表示されるサイトもあります。また、タイミングはサイト単位ではなく、検索結果上の競合数などによっても変わります。
「これまでSEOを考えたこともなかった」というサイトなら、まずは2ヶ月くらいを目安にしてみましょう。

▼効果検証の流れ

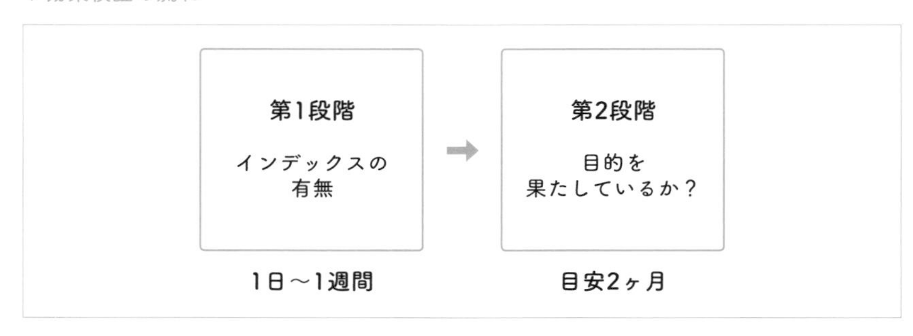

すべてのコンテンツが好調で、目的の指標で良い数値が出ていれば、それで効果検証は終了です。しかし、そもそも見られていないコンテンツがあったり、見られているもののコンバーションはなかったりと、最初からすべてのコンテンツで効果が出ていることは少ないでしょう。

そして、効果が出ていないからといって、それで「はい、おしまい」というわけにもいきません。少しでも改善し、今度こそ数字を出してもらうようにしないといけません。

効果検証をふまえて、どのようなアクションをするべきか

効果検証をすると、以下の４パターンに分類することができます。

①セッション数は多いし、遷移率も良い
②セッション数は少ないが、遷移率は良い
③セッション数は多いが、遷移率が悪い
④セッション数は少なく、遷移率も悪い

セッション数はそのコンテンツに興味を持つ人の多さ、遷移率はその課題に対する興味の深さと捉えるとイメージしやすいはずです。

理想はすべてのコンテンツが①になることですが、SEOを意識して作成したコンテンツは、多くの場合③か④に属しやすいです。特に③の「セッション数は多いが、遷移率が悪い」は、検索ボリュームだけを考えてキーワードを選定したうえで、ユーザー心理を考えないでコンバージョンポイントを設置すると起こりがちです。

本来であれば、事前にそうならないように調整できるといいのですが、効果検証の結果このように出てしまったら、現在設定しているコンバージョンポイント以外に「コンテンツを読んでいる人に合うコンバージョン」「障壁が低いコンバージョン」はないかを確認してみてください。たとえば、以下のように障壁を下げたものが調整先として妥当でしょう。

- 「問い合わせ」ではなく「資料ダウンロード」
- 「資料ダウンロード」ではな、「メルマガ登録」

④は検索ボリュームの大きいビッグキーワードを狙ったものの、順位がつかなかったというケースで起きがちです。しっかりと順位がついているか確認しましょう。

②の「セッション数は少ないが、遷移率は良い」は、セッション数さえ増えれば、コンバージョン数も増える可能性があります。現在の流入キーワードを把握しつつ、

「順位に伸びしろがないか？」
「SEO以外のチャネルでの流入獲得を狙えないか？」

を考えてみましょう。

良いコンテンツだからといって1位を獲得できるわけではない

1位に表示されるのは「最もわかりやすいコンテンツ」とはかぎらない

もう１つ、さらにSEOを難しくするのが「検索順位」です。検索結果で上位に表示されないと、あなたのユーザーのために作成したコンテンツは読まれないのです。つくっても読まれなければ、世の中にニーズがあっても意味はありません。

この順位が決定される流れの詳細は、おそらくどの検索エンジンも未来永劫（流出以外で）明かされることはないですが、基本的には次の４点がポイントになります。

①検索キーワードと関連性が高い内容か？
②内容は専門家が作成、確認している、もしくはそれにふさわしい内容か？
③信頼できるサイトが発信しているか？
④ユーザーが利用しやすいか？（表示速度が速いなど）

「①検索キーワードとの関連性の高い内容か？」は理解しやすいと思います。検索をした時に、知りたい情報と関連しないページが表示されれば、検索エンジンとしての価値は下がり、ユーザーが使用しなくなるからです。

とはいえ、良いコンテンツだけを作ればいいわけでもありません。

「ニーズのあるものに対してコンテンツを作成するだけじゃダメなのか！」

そう言われそうですが、現実でもどんなに良いことを話していても、その人のことが一切信用できなければ、話していることも信じられない、ということはあるはずです。
「だれが話しているかが大切」という原理は、SEOにおいては「どのサイトが発信しているか」となります。ある程度の信頼性や権威性が確立されていないサイトからの情報は、そのページがいかに専門的で重要な検索キーワードと関連性があっても、検索エンジンにとってはランキングの上位に表示する価値が低いと判断されることがあるのです。

▼信用できるかどうかで評価は変わる

ユーザーの利便性も大きな要素です。検索エンジンは、ユーザーが求める情報を素早く、効率的に提供することを目指しています。そのため、表示速度が遅いサイトや、使い勝手が悪いサイトはユーザーにとって利用価値が低いと見なされ、順位が下がることもあります。
「ニーズがあるものに対してコンテンツを作成する」というのは重要ですが、それだけでなく、信頼性や権威性のある発信源であること、ユーザーにとって

利用しやすいサイトであることも、SEOにとって非常に大切な要素なのです。

このような前提を踏まえると、必ずしも1位に表示されているコンテンツが「最もわかりやすいコンテンツ」ではない場合があることがわかると思います。

たとえば、1位に表示されている「税金に関して公開されている国のページ」よりも、その内容を図解を交えまとめている2位以降の別のページのほうがわかりやすいこともあるはずです。しかし、わかりにくいとはいえ、一次情報は国のページになるため、順位としてはそちらが高くなるのは理解しやすいのではないでしょうか。

良いコンテンツを作ったうえで取り組むべき4つのこと

では、良いコンテンツを作ったうえで、ほかにはどんなことに取り組めばいいのでしょうか。ここでは、特に重要な4つのポイントをお伝えします。

①関連コンテンツの作成

上位表示させたいキーワードに関連するコンテンツを増やすことで、サイト全体のテーマ性やキーワードに対する一貫性を強化し、専門性を高めることができます。専門性を高めることで、検索エンジンはサイトをその特定のテーマで信頼性のある情報源と認識するのです。

②ブランドの知名度向上

広報活動を通じて運営会社やサイト自体の知名度を高め、「〇〇といえば△△」という認識をユーザーに持ってもらうことも重要です。そのような認識を持ってもらえるとユーザーは無意識のうちに検索結果でそのサイトを探し、ユーザーの検索ニーズに答える検索エンジンの仕組みから上位表示される可能性が上がるといえます。

③被リンクの獲得

有益なコンテンツを増やすことで、ほかのサイトからの被リンクを獲得できる可能性が高まります。被リンクは、サイトがその分野の信頼できる情報源であるとほかのサイトが認識している証拠であり、サイトの信頼性と権威性を向上させる重要な要素です。

④定期的な情報更新

情報が古くならないように、サイト全体で情報の更新を継続的におこなうことも重要です。ユーザーにとっては信頼できるリソースとしての価値があるほか、検索エンジンにとってもサイトが活動的であり続けている証拠となります。

▼良いコンテンツを作ったうえで取り組むべき4つのこと

このように、サイト全体を意識しながら、「だれが発信しているのか」の「だれが」を強化することにも取り組むことがポイントです。ここを欠いてしまうと、いつまでも1位をとれないという事態に陥ってしまいます。

1位をとっても終わりではない

第1章でもお伝えしましたが、SEOで「安定して流入を獲得できる」のは、しっかりと手入れをおこなう場合の話です。作成したコンテンツを放置していれば、当然順位は下がります。たとえ検索順位が1位になっても終わりではありません。

①あなたが作成したものよりも良いコンテンツが作られる可能性がある

1位のコンテンツは、だれよりも目立つ分、超えるべき対象として常に見られます。特に競合の多いテーマであれば、上位コンテンツの良い部分はすぐに参考にされます。内容や構成をそのまま真似されることもあります。あなたが作成したものよりも丁寧に調べてコンテンツを作成することもあるでしょう。

SEOにおいては、作ったコンテンツをそのままにせず、細かい調整も加えて、ユーザーのニーズに応え続けられるようにしましょう。

②アルゴリズムのアップデートでそもそもの評価基準が変わる可能性がある

Googleを始めとした検索エンジンは、アルゴリズムによって順位を決定しています。アルゴリズムは、ユーザーにより良い検索体験を届けるために、細かい調整は毎日、大きな調整であるコアアルゴリズムアップデートは年に数回おこなわれます。

特にコアアルゴリズムアップデートでは、大きな順位変動が発生します。ロクに手入れをしてこなかった結果、大きく順位が下がってしまい、前の水準に戻るまでに数年かかるサイトもあります。そうならないためにも、定期的な記事の見直しを欠かさないようにしましょう。

最後に極端なことを言えば、読む可能性のある人すべてが読み、読んだ人が全員コンバージョンするまで、調整するポイントはあるといえます。新しい記事を作りながら、過去のコンテンツを調整するのは大変なことですが、これまでの苦労を無駄にしないためにも、がんばりましょう。

▼力を入れ続けないと効果は下がる

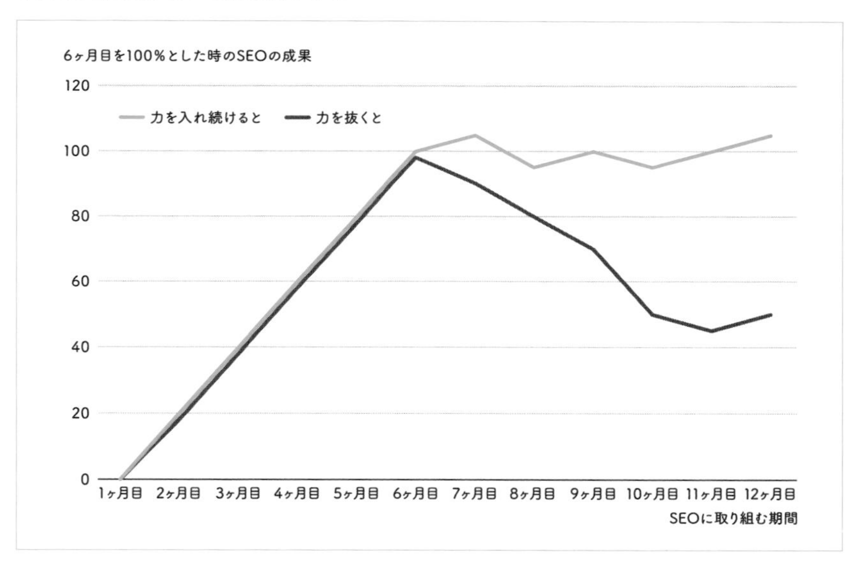

AIをうまくSEOに利用するには

GoogleはAIコンテンツをどう考えているのか

ChatGPTなどの生成AIの登場で、人々は気軽にAIを活用できるようになり、SEOでも便利に活用することが検討されています。ただ、いきなり活用方法を検討する前に、GoogleのAIコンテンツへの見解を確認してみましょう。

> 検索結果のランキング操作を主な目的として、コンテンツ生成に自動化（AI を含む）を利用することは、スパムに関する Google のポリシーに違反します。
> （中略）
> とはいえ、AI 生成のものを含め、自動化を利用したコンテンツすべてがスパムであるとは限らないことを認識することは重要です。自動化はこれまでも長い間、スポーツの試合結果、天気予報、文字起こしなどの有用なコンテンツの生成で使用されてきました。AI は表現と創作の新しいかたちを生み、優れたウェブ コンテンツの作成に役立つ重要なツールとなる力を備えています。

※AI 生成コンテンツに関する Google 検索のガイダンス
https://developers.google.com/search/blog/2023/02/google-search-and-ai-content?hl=ja

このように、Googleは生成AIそのものをNGとするのではなく、E-E-A-Tを満たすコンテンツを作成するうえで有益な使い方ができるかどうかが、スパムか否かの判断基準となると述べています。そのため、生成AIの出力が高品質で、ユーザーにとって価値のある情報を提供できるのであれば、そのコンテンツはSEOの観点からも評価されるはずです。

うまく生成AIを活用するには

SEOにおいて生成AIの活用が一切NGではないことがわかったうえで、上手な活用方法について考えていきましょう。ポイントは次の2つです。

①依頼内容をしっかりと言語化する
②作業のすべてを一度に任せるのではなく、一部分を任せる

これはSEOに限った話ではなく、生成AIを活用するうえで役に立つ考え方なので、しっかりと押さえておきましょう。

①依頼内容をしっかりと言語化する

SEOにおける生成AIの話になると、

「コンテンツ制作のすべてを生成AIで置き換えよう」
「生成AIにキーワードを渡して、完璧なコンテンツを出力しよう」

など、全工程をかんたんな依頼で実現しようと考えるかもしれません。しかし、ChatGPTのような生成AIは、大規模なデータで事前にトレーニングされ

ているため広い範囲で活用できる一方、依頼内容が曖昧だと「思ったのと違う！」となりがちな側面があります。

これは、人間に依頼する時と同じだと理解してください。

「〇〇というキーワードでコンテンツを作ってください」

と依頼するのと、

「〇〇というキーワードでコンテンツを作ってください。その際対象とするユーザーは□□で、△△のような課題があり、検索しています。このコンテンツを読んだ後には、××というアクションをとってほしいと考えています。コンテンツの内容ですが、初心者は〜〜でミスしがちなので、必ず内容に加えてください。また、適度に図版を入れて、視覚的にもわかりやすくしてください。」

と依頼するのでは、できあがるコンテンツは後者のほうがイメージと近くなるはずです。

このように、生成AIへの依頼はしっかりと言語化しないと想定外の出力がされる可能性が高いため、はじめてSEOに取り組む人には活用が少し難しいかもしれません。まずは自分で手を動かしてみて、イメージがつくようになってから、徐々に生成AIにタスクを置き換えていくのがオススメです。

②作業のすべてではなく、一部分を任せる

生成AIは、依頼する範囲を明確にすると、真価を発揮しやすいです。コンテンツ制作であれば、次のように工程の一部を任せると、想定どおりの結果になりやすいです。

- キーワード調査の壁打ち相手になってもらう
- コンテンツの構成のアイデアを出してもらう（対象ユーザーなどの情報を渡す前提）
- できあがったコンテンツの誤字脱字をチェックしてもらう
- コンテンツのコーディングをサポートしてもらう

これも結局は①と同様、タスクを細分化することで、依頼者側が言語化しやすいのがポイントです。全工程を言語化できれば、技術上不可能でない限りは、想定に近い出力が返ってくるはずです。

しかし、①でも触れたように、自分のタスクのすべてを言語化するのは意外と難しく、AIには柔軟性に欠ける対応を取られることもあります。そのため、いきなり作業のすべてを任せるのではなく、一部分を任せ、多くの場合で出力に問題がないかを確認して調整できるといいでしょう。

生成AI自体は非常に便利です。一気に作業を短縮化しようとしたり、曖昧な依頼をしようとしたりしなければ、SEOに取り組むうえでも有効に活用できます。この書籍を通じて、SEOの全体像をつかみ、少しずつ生成AIの活用を検討してみてください。

第7章

社内から
質問がたくさん来て
困る

検索エンジンの仕組みを理解して、最低限マイナスを与えない判断ができるようにする

そもそもの話として、SEOについての質問が来る状況はかなり恵まれていると言えます。なぜなら、

「SEOって、大事なんでしょ？」

という考え方がチームや会社に広がっている証拠だからです。普通は、質問は来ません。SEOのことなどあまり気にしていないからです。

とはいえ、自分がくわしくないことに対して質問が来たとしてもたしかにしんどいだけです。おまけに、まちがったアドバイスをしてしまえば、責任はあなたに降りかかるかもしれません。

ここまで読んでご理解いただけたように、いきなりSEOのプロフェッショナルになるのは無理です。SEOに取り組んでいると、何かと困ることや、これまでに対処したことのないことに頻繁に遭遇することになります。そのため、知識のアップデートは必須です。会社によっては、SEO担当者の採用基準を「2020年以降にSEO担当だった人」としている会社もあります。

私もSEOに取り組んで5年になりますが、今でも週1回は「なんだこれ！」という事象と出会います。しかし、なんだこれと思うことはあっても、初めて見る事象はだいぶ少なくなりました。これはある程度経験を積んだということもあれば、SEOの大枠の仕組みを知っているからといえます。

そこで推奨したいのが「まずは検索エンジンの仕組みを理解し、最低限サイトにマイナスを与えない判断ができるようにする」ことです。検索エンジンの仕組みを最低限理解することで、何か課題が発生した時でも

「検索エンジン的には問題ないんじゃないか」
「それを解消しないと検索エンジンは困るだろうな」

という判断がつきやすくなるはずです。

私の経験として、急に順位を改善させるテクニックはいつになっても身につきません。しかし、「2択でこっちを選ぶと詰む」という感覚は経験や知識とともに身につきます。SEOは継続的な取り組みであり、企業の担当者としてリスクを回避する力も重要です。

ここからは本当に基本的な検索エンジンの仕組みを紹介します。横文字が続きますが、なるべくわかりやすく解説しますので、がんばってついてきてください。「基本は知っているよ」という方は、読み飛ばしても大丈夫です。

検出、クロール、インデックス、ランキングの4つのフェーズを押さえる

そもそも検索エンジンといってもいくつか種類がありますが、今回は利用者が圧倒的に多いGoogleを念頭に説明します。以下、検索エンジンと書いてある箇所は、Googleの検索エンジンと読み替えてください。

検索エンジンは、次の4つのフェーズを経ることで、検索結果を生成します。

①検出：URLを見つけ、ページを認識する
②クロール：検出したURLへアクセスし、内容を取得する
③インデックス：クロールした結果をもとに内容を把握し、データベースに格納する
④ランキング：ユーザーの検索クエリに対し、関連性が高く高品質なページ

を順序づけて返す

それぞれのフェーズをもう少しくわしく見ていきましょう。

▼検索エンジンの4つのフェーズ

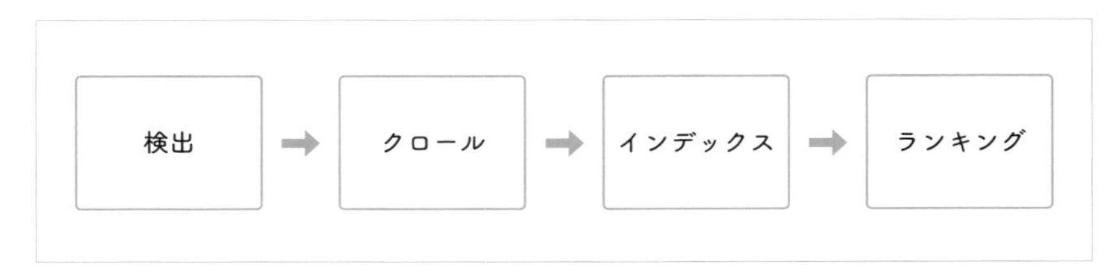

検出「URLを見つける」

検索エンジンは、URLを見つけるところから動き始めます。URLを発見できないと、ページの情報を取得できず、検索結果にも表示することができません。

しかし、Web上のページは数十兆とも数百兆とも言われており、そのすべてを検索エンジンが見つけるのは不可能です。そのため、検索エンジンにページを見つけてもらうための工夫が必要になってきます。基本的な対応は、「ページにリンクを設置する」ことです。「検索エンジンは、ページ内のURLをたどって、新しいページを見つける」と考えるとわかりやすいでしょう。

なお、検索エンジンはURLがほとんど似ていたとしても、完全に同じでない限り、別のURLと判断します。次のURLはよく似ていますが、検索エンジンはすべて異なるURLと判断し、それぞれを別のURLとして検出します。

https://hogehoge.com/
https://hogehoge.com

http://hogehoge.com/
https://www.hogehoge.com/
https://hogehoge.jp/

これらのURLがまったく同じ内容のページだったとしても、です。

よって、ページAではhttps://hogehoge.com/、ページBではhttps://hogehoge.comへのリンクのように統一性なくリンクを設置してしまうと、検索エンジンからすると内容が同じなのにURLは違うため、どのページを評価すればいいか迷ってしまいます。

同じ内容を表示するものの、URLが異なるページが存在する状態を「重複」といいます。検索エンジンは賢いため、多くの場合（人間で言うところの）空気を読んで、2つのURLのうち、いい感じのURLを正規URL（評価の対象とするURL）として選択してくれます。しかし、我々人間はURLの細かい差異など気にしません。Aのリンクを使ったり、Bのリンクを使ったりします。すると、検索エンジンもAとBのどちらが正規URLかを都度判断しないといけなくなるのです。

少し脱線してしまいましたが、次のことを最初に大枠として理解しておいてください。

- 検索エンジンがURLを見つけられないと検索結果に表示されない
- 「内容は同じだけどURLは違う」のは、検索エンジンにとってよくない

クロール「ページの情報を取得する」

URLを発見したら、次にそのページの情報を取得する「クロール」というフェーズに突入します。クロールは、我々がブラウザで見るようにページを表示（レンダリング）し、そのページからどのページにリンクが貼られているかを確認したり、前回クロールした時から変更があったか確認したりします。その情報を元に、新しいURLを検出したり、そのページをインデックスしたりするか判断します。

注意しないといけないのは、検出したURLすべてをクロールするわけではない点です。ページを表示するためにはデータのやりとりが発生するうえ、この世には数兆をはるかに超えるURL数が存在するため、すべてのページをクロールするわけにはいかないのです。

オウンドメディアのようにサイト全体のURL数が10,000未満のサイトであれば、クロールされない事象はあまり気にしなくて大丈夫です。しかし、ECサイトのように100万ページを超えるサイトを運用する場合には、末端の商品詳細ページまでクロールされているか意識的になる必要があります。

また、クロールはされても、検索エンジンがページ内容を表示できないことがあります。Googleの検索エンジンは最新のChromeとほぼ同じ性能であり、多くの場合問題なく表示させることができますが、ボタンクリックやパスワード入力などのページ操作はできません。また、たとえばSPA（Single Page Application、画面が遷移することなく操作に応じて変化するページ）のような作りにおいて、SEOを一切考慮しないと検索エンジンが真っ白な画面を見ている状態になることがあります。

これらの背景は、レンダリングの工程にあります。レンダリングを詳細に理解するのは難しいのですが、かんたんに説明すると、ページの設計書を作り、その設計書を元にページを表示するものと理解してください。設計書を作るフェーズで失敗すれば生成されるページが不完全なものになります。設計書が完璧でも、ページを生成する際に必要な材料（画像など）のサイズがあまりにも大きい場合などは、ページ全体がクロールできないケースが出てきます。

これまでの話を整理し、クロールについては以下のことを押さえておきましょう。

- URLを見つけたからといって、すべてクロールするわけではない
- サイトの作りによっては、検索エンジンは我々がブラウザで見るようにページを表示することはできない

インデックス「クロールした内容を格納する」

クロールした情報を検索エンジンのデータベースに登録することをインデックスといいます。インデックスされてはじめて、ページが検索結果に表示されます。

しかし、検出されたURLすべてがクロールされないのと同じように、クロールされたURLすべてがインデックスされるとは限りません。検索エンジンがそのページをインデックスする理由が必要になるのです。

インデックスされる理由は、おおよそ以下の4つを意識してみてください。

①信頼できるサイトのページだから
②リンクが集まっているページだから
③類似するテーマのコンテンツに比べて内容がいいから
④これまでなかったコンテンツだから

実際にはもっと細かいルールが定められていると思うのですが、我々の理解としてはこのレベルで十分です。

とはいえ少しわかりにくいので、図書館を例にして考えてみましょう。

①信頼できるサイトのページだから
→信頼できる出版社／著者の本だから

②リンクが集まっているページだから
→多くの人が言及している本だから

③類似するテーマのコンテンツに比べて内容がいいから
→すでに収蔵している本よりわかりやすいから

④これまでなかったコンテンツだから
→そのテーマに関して書かれたはじめての本だから

このように言い換えると、多少はわかりやすいのではないでしょうか。
ほかにも、先ほど紹介したレンダリングという処理をおこなえることもインデックスされるためには必要です。白紙の本や、乱丁の本が図書館に並んでいるのは考えにくいですよね。
まとめると、インデックスについては次の2つを押さえておきましょう。

- インデックスされないと検索結果に表示されない
- インデックスされるためには理由が必要

ランキング「順位を決定する」

検索結果での順位を決めることをランキングといいます。順位は非常にさまざまな要因が混ざり合って決定されるため、「これだけをすれば順位が上がる」というシンプルな因果関係はほぼないと言えます。もちろん、「外部リンクの獲得」などのインパクトの強い指標もありますが、内容が伴わなければ順位はついてきません。

ただし、基本的なポイントはあります。

- 多くの人が引用しているコンテンツ
- ユーザーのインテントに対応するコンテンツ
- 信頼できるサイトのコンテンツ

ここまででお伝えした検索エンジンの基本的な仕組みを理解しておくと、「それをしてしまうと、検索エンジンがページを見つけられなくなるのでは？」「検索エンジンがページをレンダリングできなくなるのでは？」など、危険な施策へのセンサーが発動しやすくなります。

▼検索エンジンとユーザーの両方を理解しよう

質問にはどう対応すればいいか

検索エンジンの仕組みを理解したからといって、すべての質問に回答できるわけではありません。そもそも、その場ですべて回答するのは至難の業です。社内の質問対応のベストプラクティスを解説していきます。

テキストでやりとりする

あなたがSEOに慣れてくれば、その場で解決したり、正しい選択を説明できたりするようになるでしょう。しかし、SEOはあなただけが理解していても仕方ありません。実装してくれる人も理解していないとミスが起きてしまいます。社内のメンバーを信頼しないわけではありませんが、口頭で伝えると、ミスや抜け漏れが起きやすくなります（SEOに限らない話です）。質疑応答は、可能な限りテキストで残すようにしましょう。ミーティングで出てきた話も、議事録に残しておくといいでしょう。

テキストでやりとりするメリットはほかにもあります。

- 画像や参考先のリンクを添付することで、双方がわかりやすい
- 後から効果検証などをおこなう際に、実装内容を思い出しやすい

言った言わないにならないように、多少めんどくさくてもテキストで残す——それを徹底しましょう。

わからないことは「なんとなく」にしない

「まぁ大丈夫だろう」と回答すると、だいたい失敗します。これは世の常です。そのため、少しでも迷ったり、さっぱりわからない話が出てきたら、カッコつけずに「調べて、後で回答します」と伝えましょう。

SEOにおいて、「どうしてもその場で回答しないといけない」ということはありません。一度持ち帰り、Google検索セントラルや信頼できそうなサイトを参考に「回答を考える」で十分です。特にサイトに大きな影響を与える判断は、実装を待ってもらってでも正確な回答を考えるべきです。

もちろん、どんなに調べてもわからないこともあるはずです。そんな時には、社外の知見を借りましょう。Googleは毎月ウェブマスターフォーラムという質問を受け付ける機会を用意していますし、各SEO会社に相談すれば多少の質問であればすぐに回答してくれるでしょう。ほかにも、日本語でGoogle検索をして回答を得ることができなければ、英語で検索するのも1つの策です。

回答を探すのはなかなかに大変ではありますが、「自身のトラブルシューティング能力」向上にもつながります。また、万が一サイトにマイナスを与える判断だったとしても、丁寧に調査した場合と、適当に回答した場合では、その後の対応、そして周囲の見え方も変わります。後で後悔しないためにも、時間を使ってでも、根拠をもって回答しましょう。

SEOを勉強するには

「もう少しがんばってSEOの勉強をして、SEO担当者として独り立ちしたい」と考えている人もいるでしょう。そんな人におすすめなのが、以下のステップです。

▼SEOを勉強する４つのステップ

レベル1 用語と概念を理解する

レベル2 ニュースを追う

レベル3 質問を積極的に受ける

レベル4 自分でサイトを運用してみる

レベル1：用語と概念を理解する

SEOに限らず、マーケティングの世界では専門用語や横文字が多いです。それらの専門用語の意味がわからないと、正しい概念も理解できません。まずは用語を覚えましょう。受験のように、一言一句、完全に意味を覚える必要はありません。まずはなんとなく人に説明できるレベルでかまいません。コンサルタントを目指すならともかく、わからなければググればいいのですから。

しかし、毎回調べていると単純に時間がかかるので、半年くらいは単語帳のようなものを作って意味をなんとなく暗記してしまったほうが速いかもしれません。私も、単語帳を作成し、電車で毎朝暗記をしていました。

そのうえで同時におこなってほしいのが、SEOの大枠の理解です。基本的な検索エンジンの仕組みは先ほどお伝えしたとおりなのですが、この本では紹介しきれなかったSEO対策の流れや、Google検索セントラルのコンテンツを読むと、よりSEOの根本的な話を理解できます。

レベル2：ニュースを追う

「なんとなく用語がわかってきたし、SEOもなんとか説明できるレベルで理解できたぞ」という段階になったら、SEOに関するニュースを追ってみましょう。SEOでは大枠の概念が変わることはほとんどありませんが、サイトの調整が必要なアップデートはそこそこおこなわれるため、ニュースをしっかりと追いかける必要があります。

また、ニュースを追いかけると、考える機会が生まれます。

「なんでこのニュースにみんな注目しているんだろう？」
「このニュースの何が重要なんだろう？」

これが、SEOのレベルアップにつながると考えています。SEOは明確な答えがないからこそ、ニュースを追いながら仮説を考える力を鍛えることがとても重要なのです。

初心者〜中級者向けということを意識して、いくつか情報源をピックアップしてみました。これらを読めば、ニュースはもれなくおさえられると思います。

- Google SearchLiaison
  https://twitter.com/searchliaison

- Google Search Central
  https://twitter.com/googlesearchc

- Google 検索セントラルブログ
  https://developers.google.com/search/blog?hl=ja

- Google Japan Blog
  https://japan.googleblog.com/

- 海外＆国内SEO情報ウォッチ
  https://webtan.impress.co.jp/l/3723

- 海外SEO情報ブログ
  https://www.suzukikenichi.com/blog/

- Search Engine Roundtable
  https://www.seroundtable.com/

- Search Engine Journal
  https://www.searchenginejournal.com/

レベル3：質問を積極的に受ける

次のステップは、社内のSEOに関する質問を一手に受けることです。ここまでレベルを上げたあなたであれば、ある程度の質問には何も調べなくともだいたいの回答のイメージは湧くはずです。しかし、それを相手に伝わるようにアウトプットするのは意外と難しいのです。

単語の勉強やニュースを用いた理解と違い、実際に困っている人の質問はあなたの経験に変わります。コンサルタントであれば多数の案件から学ぶこともできますが、それが難しいWeb担当者は、少しでもリアルな質問を集めることで、経験を積めるといいでしょう。

レベル4：自分でサイトを運用してみる

最後のステップは、サイト運用です。自社サイトの運用でもいいのですが、適当に触ってしまい、サイトに大打撃を与えてしまうことも考えられるので、まずは自身で管轄できるサイトを運用してみることをおすすめします。

とはいえ、仕事をしながらプライベートでサイトを0から運用するのは非常に困難なため、無料のブログを週に2～3コンテンツ運用してみるのがおすすめです。それこそ、SEOの勉強などをテーマに書いてみるのもいいですし、趣味の話でもかまいません。

ポイントは、ページを作り、インデックスされるまでの過程を確認し、流入が増えるようにそれを改善するというプロセスを実際に自分の手を動かしてやることです。もちろん、いきなりビッグキーワードで1位を取ることはできませんし、コンテンツを大量に作成し、それなりに流入がある状態にするのも難しいですが、ニッチなキーワードであれば1ページ目の表示は狙えるのではないかと思います。

特にキーワードを狙わなくても、「自分の作成したページにどんなキーワードで流入しているか」など確認することも、SEOの理解を大きく深めます。また、流入キーワードを見て、タイトルの調整やリライトなどをおこなう練習は、そのまま仕事でも活きてきます。Google Search ConsoleやGoogleアナリティクスなどでデータ分析するのも実務に役に立つはずです。

SEOを深く理解するためには、Web制作の知識や分析スキルなども大切ですが、ブログ運営はそのすべてをサラッとではありますが体験できるお手軽な方法です。時間が確保できそうならばぜひ試してみてください。

SEOが正直しんどい時は

ここまで、「SEOをやりたくてしょうがない！」というような前提で話を進めてきましたが、「必要だからSEOを学ぶ」「マーケティングにおいてミスが出ないようにSEOに取り組めればそれでいい」という人も多いのではないでしょうか。「ただでさえ忙しいのに、さらにSEOの担当になってしまった」という人もいると思います。しかし、SEOというレアスキルに触れるせっかくの機会です。しんどい理由を明確にして、ほんの少しだけ前向きに取り組んでみましょう。

SEOに限らず、仕事が大変な理由は3つに集約されると考えています。

- 忙しい
- わからない
- 目標が高い

まずは、このどれが近いのかを明確にしましょう。

忙しすぎてしんどい

もし、あなたが普段の業務と兼務でSEOの担当になったのであれば、忙しくなって当然です。単純にタスクが増えたからです。しかし、あなたがただ「忙しい！」と言っていても、だれも助けてくれません。

まずは、本当に忙しくなったのか、日報や勤怠データから定量データを出してみましょう。単に勤務時間の総量だけでなく、「SEOに取り組むことで、これまでのタスクに取り組めなくなった」などの事態が発生していないか確認してみましょう。

「意外と忙しくない」
「思ったよりも勤務時間が変わっていない」

ということもあるはずです。
そのうえで、実際に忙しくなっていた場合は、タスクの棚卸しをおこないましょう。タスクを次の４段階に分けてみてください。

①やらなくていい
②自分しかできない
③自分以外でもできるし、速度は変わらない
④自分以外もできるけど、自分がやったほうが速い

①「やらなくていい」タスク

これを機にやめましょう。

②「自分しかできない」タスク

次の２点を再度検討しましょう。

「本当に自分にしかできないのか？」
「本当にやる必要があるのか？」

あなたが対応できるタスクの総量から、「自分しかできない」タスクへの対応時間を引いたものが、あなたのその他の対応時間です。

③「自分以外でもできるし、速度は変わらない」タスク

次に考えるべきは、「自分以外でもできるし、速度は変わらない」タスクをだれに頼むのか考えることです。社内の手が空いているメンバーに任せるのも1つですが、だれがやっても変わらないのであれば、業務委託の方やオンライン作業支援サービスに頼むのも1つの方法です。費用の話はありますが、SEOという新しい施策に取り組むわけなので、費用がかかるのは当然です。もし費用がかけられないのであれば、今までの施策の優先度を大きく下げるなど、現実的なラインで調整するのもポイントです。

④「自分以外もできるけど、自分がやったほうが速い」タスク

最も難しいのが「自分以外もできるけど、自分がやったほうが速い」タスクですが、これもいい機会だと思って棚卸ししてしまいましょう。これからSEOに取り組むあなたのリソースはとても貴重です。全体で見ると多少効率が下がるとしても、自分にしかできないタスクを中心に進めましょう。

このように、実際に忙しいというデータとその対策が明確になっていれば、あなたの上長も前向きにリソース問題の解消に動いてくれるはずです。

わからなくてしんどい

SEOに限らず、新しいことはわからないことだらけです。当然、わからな

いことをインプットするのは並大抵のことではありません。しかし、こればかりは、めげずに立ち向かう必要があります。

ただ、もっともしんどいのは、「努力する方向性がわからない」というケースではないでしょうか。

「そもそも何から手をつければいいかわからない」

そんな状態では努力のしようがないので、この本などを参考に、まず最初に手をつけるべきことから考えてみてください。

一方で、「やることは明確だし、インプットもがんばれるけど、調べてもわからないのでしんどい」というケースもあると思います。そういう場合は、外部のSEO専門家に週1時間くらい相談する機会を設けるといいでしょう。企業で働く以上、SEOをやることが目的なわけではなく、成果を出すことが求められているはずです。その障壁が経験によるものであれば、外部の力を積極的に借りるべきです。

目標が厳しくてしんどい

SEOにおける目標が厳しくなる理由は、大きく次の2つに分けることができます。

①知識や経験の不足により、適切なアプローチができていない
②自分以外のメンバーがSEOを正しく理解していない（正確に言うと、期待しすぎているかもしれない）

前者は時間の経過や外注などで解決できますが、厄介なのは後者です。SEO

は決してかんたんではありませんし、広告などと違って「お金を使えば必ず表示される」というものでもありません。取り組み方次第では、まったく効果が出ないこともあります。にもかかわらず、

「初心者でもできるだろう」
「お金を2倍かければ、コンバージョンも2倍増えるだろう」

と安易に考えてしまう人は少なくありません。それが目標に反映されていると、しんどくなってしまうのです。

だからといって、最初から最適な目標が立てられるかというと、それも至難の業です。一番最初の目標は「ある程度の妥当性がある」というレベルでもいいと思います。その前提で、可能な限りの取り組みをおこない、反省したうえで、次回の目標を立てるといいでしょう。

ちなみに、よくあるシミュレーションは、SEOの場合「こうなるといいな」というレベルに近いため、費用対効果の目論見を出すうえでは用意してもいいと思いますが、定期的に見直す必要があります。

「最初はCPA〇円で見込んでいたが、実際にはじめてみたら〇円だった。そのうえで、現在は〜といった施策を展開しているが、それがだめだったら、予算縮小も考えるべきである」

このようなイメージです。

なにはともあれ、いきなり「適切な目標」を立てるのは、SEOの専門家でも非常に難しいことで、進めていく中で妥当な目標を立てられるようにすればいいと理解してください。

SEO担当者になってしまったからには、やはり知識と経験が必要になってきます。しかしそんなものは最初からはないので、繰り返していく中で徐々に吸収するしかありません。もし、すぐに成果がほしいならコンサルタントか、

知識のあるメンバーをアサインしたほうがいいです。

あなたが必要以上に悩む必要はないので、上長に提言するのもおすすめです。しかし、幸いにも「時間がかかってもいいからSEOを推進してほしい」という環境なら、学習や推進のしんどさはありますが、ぜひもがくことをおすすめします。SEOで得られる経験は、あなたの仕事の糧になる貴重な経験であると強く断言できます。

▼SEOの3つの「しんどい」と対処法

■**忙しすぎてしんどい**

タスクの棚卸しをして4段階に分ける

①やらなくていい

②自分しかできない

③自分以外でもできるし、速度は変わらない

④自分以外もできるけど、自分がやったほうが速い

■**わからなくてしんどい**

●努力する方向性がわからない

→本などを参考にまず最初に手を付けるべきことを考えてみる

●調べてもわからない

→外部の専門家に相談する機会を設ける

■**目標が厳しくてしんどい**

可能な限りの取り組みをおこない、反省したうえで、次回の目標を立てる

第8章

ホームページをリニューアルしたら、急に順位が下がってしまった

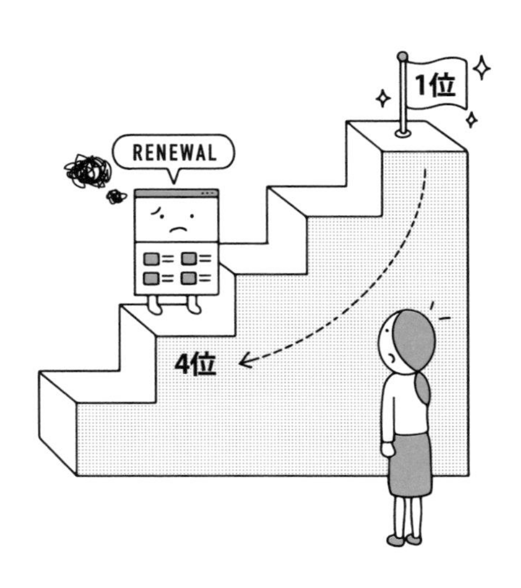

サイトリニューアルは本当に必要なのか

「サイトリニューアルをした結果、セッション数やコンバージョン数が悪化してしまった」

この相談は、コンサルティングをしていて頻繁にいただきます。サイトリニューアルはさまざまな改善を目指して実施されるものですが、サイトリニューアルで逆に数値が悪化することがびっくりするほど多いのです。

この章では、「そもそもサイトリニューアルをするべきか」という話から、サイトリニューアルがうまくいかなかった場合の対処方法まで解説していきます。「私はサイトリニューアルをする予定なんてないし……」という方こそ、転ばぬ先の杖としてぜひご一読ください。

サイトリニューアルは残念な結果を招きやすい

機会損失＋マイナス効果のダブルでダメージを負うことも

そもそも、なぜ人はサイトリニューアルをするのでしょうか？

そこには「サイトを新しくすればうまくいく！」という期待感が隠れています。

「他社に比べてデザインが古い。サイトを新しくすれば、競合に負けない」

「なんとなくサイトがわかりにくい気がするな。サイトを新しくすれば、わかりやすくなるはずだ」

そんな気持ちです。

しかし、サイトリニューアルへ期待しすぎています。サイトをリニューアルしたとしても、サービスの品質が高まるわけはないですし、競合に比べて優位性が生まれるわけではありません。それどころか、サイトリニューアルの準備期間は施策が止まることが多く、リニューアル後にパフォーマンスが下がるようなことがあれば、

サイトリニューアルをしなければ試すことができた施策の機会損失
＋サイトリニューアルをしたことによるマイナス

のダブルでダメージを負うことになるのです。

効果が見えずに取り返しのつかない状態になってしまう

「サイトリニューアルの効果は良くも悪くも見えない」という課題もあります。プラスの影響ならまだしも、マイナスの影響に気づけないと、じわじわとサイトのパフォーマンスが下がってしまい、期末などに取り返しのつかない状態になることもあります。

最悪なケースとしては「パフォーマンスが悪化してしまったけど、お金かけてリニューアルしたし、回復するのを待つしかない」と天に祈りだすことです。これはいわゆるサンクコストバイアスによるものですが、お金も時間もリソースも使ってしまっているため、前の環境にはどうしても戻せないと考えてしまうのです。

サイトリニューアルをしただけで、会社の売上が大幅に増えるなんてことはありません。

ユーザーが望んでいないのにリニューアルしたがる

そもそも、ユーザーがサイトリニューアルを望んでいることなんてほとんどありません。読み込み時間が極端に長かったり、ボタンがとにかく押しにくかったりと、操作性が極端に悪い場合は、改善が求められていることもあります。しかし、ある程度UI/UXが考慮されているサイトであれば、ユーザーは特に不便に感じないはずです。あなたも、デザイン"のみ"の変更をサイトに期待したことはまったくないのではないでしょうか。

その一方で、Webサイトの運用者はサイトリニューアルに取り組むことが多いです（「取り組みたがります」と言ってもいいかもしれません）。もちろん、自身では望んでおらず、上司からの指示というケースや、「数年に一度必ずサイトリニューアルをしないといけない」という謎のルールによる場合などもあるかもしれませんが、サイトリニューアルの話題がまったくあがらないサイトはほとんどないはずです。

このように、サイトリニューアルには、過度な期待や、ユーザーとWeb担当者の間の気持ちの乖離があることをまずは理解するべきです。

▼サイトリニューアルは担当者とユーザーで乖離が起きがち

サイトリニューアルをしないといけない時

では、どのような時にサイトリニューアルをしないといけないのでしょうか。

私がサイトリニューアルを候補として挙げるのは、明確な目標、目的や課題があるときです。たとえば、以下などはサイトリニューアルを実施する状況として適切でしょう。

- 入稿作業の改善などを目的にCMSを導入し、それにあわせてページのテンプレートを調整する必要がある
- PC向けサイトしかなく、レスポンシブデザインに変更する必要がある
- 新しく始めたサービスが大当たりして、それまでターゲットユーザーが20代だったのが、60代に変わり、文字サイズなど全体的なデザインを調整したほうがいいと考えられる
- 商材を拡大していくため、戦略的に対外的な見え方を変更する必要がある
- サイト内にブログが複数展開されており、それをまとめるにあたり、各ブログの要素をふまえて再度デザインを検討しないといけない

こうした改修を1つずつやっていこうとすると、「1つ直したことで、2つ調整が必要になる」といった具合に、かえって時間がかかってしまいます。

散々語ってきたように、サイトリニューアルにはリスクがありますが、サイトリニューアルによって得られるリターン>サイトリニューアルのリスクと考えられる場合には、リニューアルを実施するべきです。たとえば、CMSを導入することで入稿作業の時短が大きく図れるのであれば、一時的にサイトに悪影響があっても、実施することが正となる場合もあります。ページ生成に使用する技術の影響でクロールの効率が悪いことが課題があれば、仕組みを替えるサイトリニューアルを実施することが正になることもあります。上場前や、事

業のアクセルを踏みこむ段階、組織改編の影響など、対外的に見せ方を変える「ブランディング」の観点で、サイトリニューアルを実施することも妥当性があると思います。

このあたりは、一介のWeb担当者からすると、特に不安な点が多いです。スケジュールがタイトになりやすかったり、最終的に話がひっくり返ったりしやすい傾向にあるからです。しかし、この手のブランディングの話に「やらない」「やめる」という選択肢はないため、全力を尽くして、せめてアクシデントが発生しないように立ち回るのがいいでしょう。

なぜ、サイトリニューアルで順位が下がったままになってしまうのか

サイトリニューアルがSEOに与える影響をより具体的に考えてみましょう。

まず把握したいのが、サイトリニューアルをおこなうと、多くの場合順位が変動し、下落する場合もある一方、サイトのランキングは時間の経過とともに安定することです。Google検索セントラルでも以下のように述べています。

> なお、移転中は、検索でのコンテンツ掲載順位が一時的に変動することがあります。これは通常のことであり、サイトのランキングは時間の経過とともに安定します。

https://developers.google.com/search/docs/crawling-indexing/site-move-with-url-changes?hl=ja#start-site-move

ずっと順位が下がったままの場合、何かしらの課題があると考えられます。ここでは、よく遭遇する2つの課題に関して説明します。

- それまでに獲得していた評価を正しく引き継げていない
- ページ内容を変更した結果、改悪になっていた

それまでに獲得していた評価を正しく引き継げていない

SEOにおいては、URL自体に被リンクなどの評価がひもづきます。そのため、ページの内容が一緒でも、URLが変われば0から評価されることになるのです。

▼リダイレクトを設定しないと、URLが変わるとリンクなどの評価がゼロに

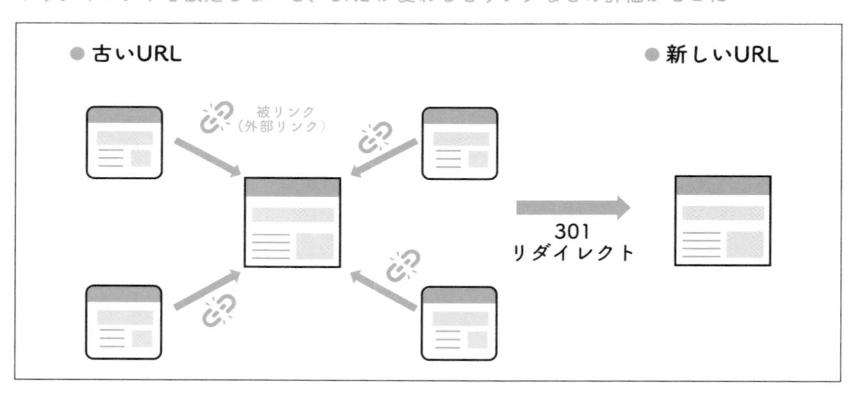

何も対応をせずに新しいURLでページを作成し、元々のページを削除すれば、これまで獲得してきた評価は引き継がれず、順位下落につながってしまいます。

評価の引き継ぎにはリダイレクトという処理がポイントになるのですが、いくつかの注意点があります。

- 推奨されている「301リダイレクト」で実装されているか？
- リダイレクトの回数は3回以下に抑えられているか？
- 元々のページにクローラーがクロールできるようになっているか？
- リダイレクト元のページとリダイレクト先のページは対になる内容になっ

ているか？

このような点が守られていないと、リダイレクトを設定しても、評価が正しく引き継がれないことがあります。

ページ内容を変更した結果、改悪になっていた

適切に評価を引き継いだとしても、新しいページにおいてテキスト情報を削除したり、内部リンクを大量に削除したりすると、単純に評価が下がることがあります。極端な例を書くと、テキストで表現していた内容を画像に置き換えることでも順位が変動する可能性があります。ページ内容を少しでも調整した場合、順位が下がる可能性があることは意識しておきましょう（もちろん、上がる場合もありますが）。
「順位は変わらないものの、CVRが悪化する」場合も考えられます。CVRが下がる一番の理由は、導線がなくなったケースです。これは「ユーザー体験」への悪影響です。たとえば、以下などがわかりやすくCVRが下がる原因になります。

- 昔あった位置にボタンがなくなった
- ページ内のボタンの総数が減った
- CVRの高いページへの導線がなくなった

▼ボタンの有無のような些細な変化でも影響が

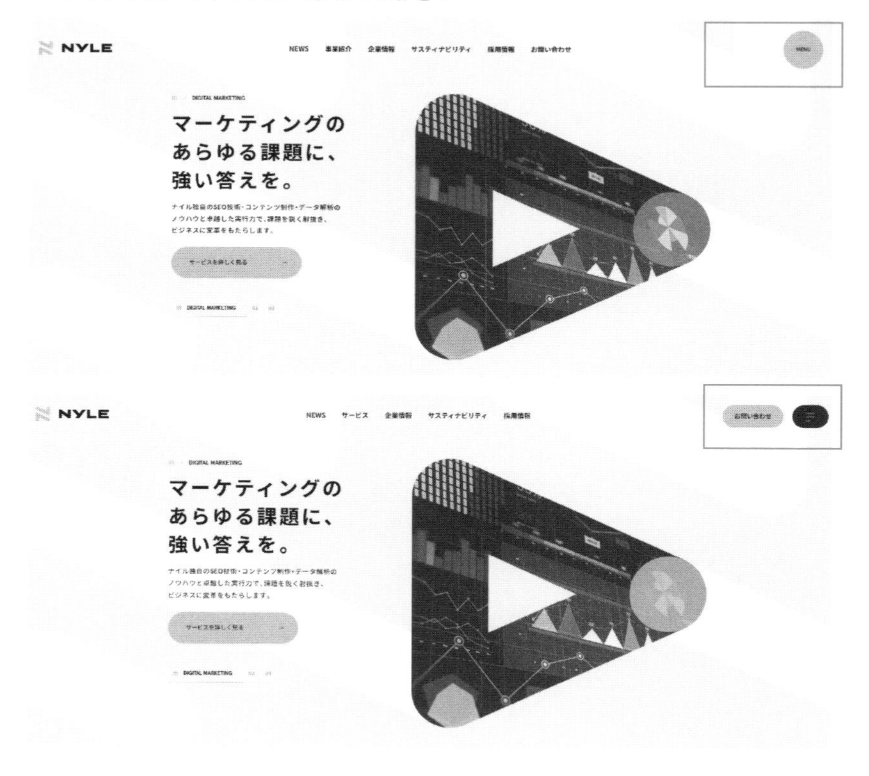

ほかにも、以下のことがCVRの悪化に寄与する原因として考えられます。

- よかれと思っていたが、サイト内容がわかりにくくなった
- 順位の下落とともに、CVRの高いコンテンツのセッション数が減った

失敗しにくい サイトリニューアルの進め方

ここまでの話をふまえて、失敗しにくいサイトリニューアルの進め方を7つのステップに分けてご紹介します。

①サイトリニューアルで得られるリターンとリスクの回避方法を押さえる
②現状のサイトの数値状況を把握して、具体的な変更・対応箇所をまとめる
③依頼を読めばだれでも実装できるレベルまで落とし込む
④リニューアルに関わるメンバーと費用感、スケジュールをまとめる
⑤リニューアルが目的にすり替わらないように実装する
⑥ステージング環境で確認する
⑦リニューアルの影響をチェックする

①サイトリニューアルで得られるリターンとリスクの回避方法を押さえる

取り組むことで得られるリターンと発生しうるリスクですが、まずは考えられることをざっと書き出すことがおすすめです。チームでブレストのような形で進めてもいいでしょう。サイトリニューアルを実施する前提の場合、バイアスがかかり、リスクが見えにくくなる可能性があるため、第三者のメンバーにも参加してもらえるとよりいいでしょう。

それぞれが出尽くしたタイミングで、続いてリスクの影響と回避方法がない

かを検討しましょう。

- かえって問い合わせ数が減るのではないか？
  →現状のサイト内のユーザー行動を把握し、その動きを悪化させないようにする

- URL構造を変更することで、一時的にセッション数が下がるのではないか？
  →影響は大きいので、SEOにくわしい別部署のAさんをアサインする
  →今年の獲得シミュレーションはその前提で引き直し、売上影響が見過ごせないものであれば経営層と調整する

- メンバーのリソースをがっつりあてることになるので、そのほかの施策、特にメルマガの配信数が下がりそう
  →チームの中でもBさんはメルマガの送付を最優先とする
  →リソース不足に備えて、業務アシスタントサービスの活用を検討する

- 機能Aを実装することで、表示速度の低下が考えられるのでは？
  →表示速度が下がらない形での実装をエンジニアとともに検討する
  →表示速度の悪化は売上にマイナス影響が出る可能性があるため、解消できない場合は実装しない
  →そこまでリソースを割かないで実装できる場合は、悪影響が出る可能性もあるが、一時的にテスト導入も視野に入れる

このように、特にリスクの影響と回避方法を検討したうえで、最終的に期待できるリターンが上回った場合に、サイトリニューアルを進めるという選択肢をとりましょう。

②現状のサイトの数値状況を把握して、具体的な変更・対応箇所をまとめる

先ほどはあくまでブレストというで、続いて本当にそれが課題なのか、数値状況をふまえていきましょう。数値状況を確認することで、新たに課題が見つかることもあります。

まず最低限押さえておきたい数値は、「売上に直接関わる指標」です。以下の数値を把握しましょう。

- BtoBサイト → 問い合わせ数
- BtoCサイト → 購入数、登録数など

その際、週、日の平均を出しておけると、サイトリニューアル後の変化にも気づきやすくなります。

施策の箇所を検討するうえでは、「売上に直接関わる指標」をKPIツリーとして分解しておくこともおすすめです。

▼「売上に直接関わる指標」をKPIツリーとして分解しておく

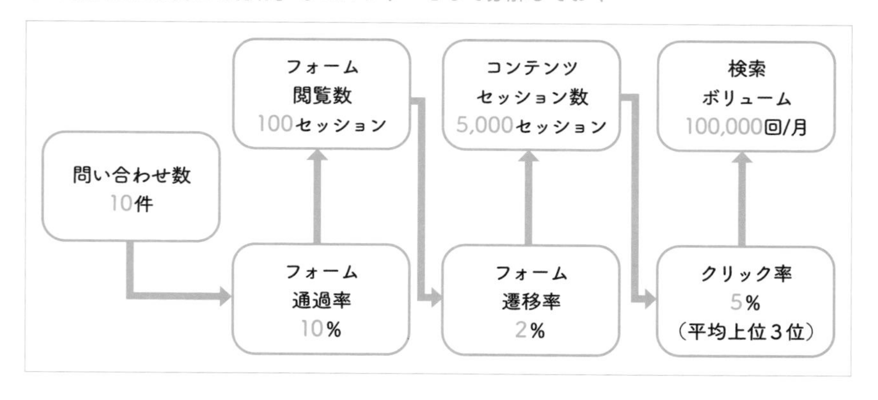

数字を分解していくと、たとえば「フォームの遷移率が低い」など改善ポイントが見つかりやすくなるため、おすすめです。

また、いくら最重要指標だけをウォッチしていても、リニューアル後の課題を特定するためには、結局この分解作業が必要になります。そのため、リニューアルを開始する前、できれば要件定義書を作成する段階で、あらためて全体的に数値を確認しておくといいでしょう。

もし、サイトリニューアルをする必要性を感じていても、この調査によってじつは数字の状況に問題がなかったということであれば、サイトリニューアルをストップすればいいだけです。むしろあなたは、工数を削減したヒーローとなるでしょう。

ほかにも、サイトの実装状況なども押さえておけるといいでしょう。リニューアル前の段階の各ページのスクショなどをとっておけると、リニューアル後の要因調査がしやすいです。問題がなければ、ウェイバックマシン（過去のWebページを閲覧できるツール）に登録しておくのも使いやすくオススメです。

● Wayback Machine
https://archive.org/web/

③依頼を読めばだれでも実装できるレベルまで落とし込む

先ほど大枠の実装内容を検討した箇所を、「この依頼を読めばだれでも実装できる」というレベルにまで落とし込みます。「何もそこまで資料を作り込まなくても」と思うかもしれませんが、それで施策を進めてしまい、順位が下落した時に責任を取るのはおそらくあなたです。「責任」みたいな大きい話ではないかもしれませんが、評価には影響が出ることはまちがいありません。しんどい作業ではありますが、丁寧かつ明確に指示書を作成していきましょう。

指示書を作成する時のポイントは以下の4つです。

①変更する箇所（改善ポイント）に対し、仮説を踏まえて施策を考える
②施策の内容は必ずダブルチェックなどを実施し、ミスや悪化する可能性を防ぐ
③すべての施策に自分で必ず目を通すようにする（検討する必要はない）
④URLの変更、CVに関わる導線の数について不安が一切ない状態までチェックする

このあたりを徹底すれば、サイトリニューアルにかなり希望が見えてきます。特にURLの変更に伴う指示書は、これでもかというくらい丁寧に作成しましょう。

④リニューアルに関わるメンバーと費用感、スケジュールをまとめる

メンバーと費用感

実施する施策が定義できたところで、それらの施策を実現するための費用感、必要なメンバーを考えていきましょう。費用については、以下の点を考慮に入れる必要があります。

- 必要な人材を確保するための外注費（デザイナー、エンジニア、場合によってはSEOコンサルタントなど）
- CMSなどのサービスの利用費用

もちろん、社内メンバーのリソースを借りる場合は外注費こそかかりませんが、彼ら本来のタスクもあるわけです。第3章で説明した内容をもとに、優先

度を担保できるかを考えてみてください。

スケジュール

次に、スケジュールを策定します。各タスクに対する所要時間を見積もり、それを元に全体のスケジュールを作成しましょう。実装する時間だけでなく、確認する時間も考慮するのがコツです。

確認期間は「とりあえず1日！」と設定することもあると思いますが、上司だけでなく役員の確認などが必要となると、1日では足りないということもあると思います。確認する人がだれなのかを意識したうえで、スケジュールを設定するといいでしょう。

「社内のリソースだけで進めようとすると、どうしてもハーフコミットになってしまい、施策実装に時間がかかりすぎてしまう」という場合には、外注も検討しましょう。

スケジュール設計は難易度の高いタスクですが、難易度の高い理由としてはそれぞれの施策にどれくらいの時間がかかるかイメージができないことがあります。よって、スケジュールや必要なメンバーを考える前に、なるべく③のフェーズで各施策の定義をしておくことをおすすめします。

⑤リニューアルが目的にすり替わらないように実装する

ここまでしっかりと決めることができれば、後はスケジュールどおりに前進あるのみです……と言いたいところですが、スケジュールに関しては柔軟に調整することを心がけてください。逆に、実装部分に関しては、よほどのことがない限り、その場の思いつきで変更しないようにしましょう。

これはスケジュールをあてにしないということではなく、無理に実装しても必ず不具合が発生したり、想定していた実装にならないからです。結局後で調整することになり、かえって時間がかかるということも起きます。ダラダラ延ばすわけではないですが、想定していたスケジュールで実装が間に合わなそうであれば、諦めて日程を延ばすことも考えてください。

また、担当者であれば、見かけ上だけでなく、裏側の仕組みを理解したうえで、実装を進めるようにしましょう。もちろん完全に理解することは難しいと思いますが、なんとなくでも理屈を把握しておかないと、いざという時に対応できないほか、そもそも実装が最適なのかの確認もできないはずです。

リニューアルの実装を進めていると、関係各所への確認作業や、実装確認、フィードバック、場合によっては無茶振り対応をしていく中で、「リニューアルを完遂することが目的」になるタイミングが出てきてしまいます。もちろんまちがいとはいえないのですが、最初からそのマインドになってしまうと、

「この機能は諦めるか」
「この実装やや不安だけど、たぶん大丈夫だからヨシ！」

と、早く終わらせるモードでリニューアルを考えるようになってしまいます。大変な戦いが続きますが、リニューアルが目的にならないように、「施策を検討した時の仮説」を常に意識して、進捗させることを心がけてください。

⑥ステージング環境で確認する

実装が済んだら、次は検証です。検証をせずに、いきなり本番公開することは絶対に避けてください。必ずステージング環境（最終テスト用環境）で、公開前に確認してください。検証時のポイントは3つです。

①指示書どおりに実装されているか確認する
②めんどくさがらずに実際に操作をする、普段しない操作も試してみる
③まったく関わっていないメンバーに操作してもらう

指示書どおりに実装されていたとしても、その指示書自体に不備がある可能性も否定できません。必ず操作することがポイントです。

また、前提を知らない、第三者メンバーに1ユーザーとして操作してもらうことも有効です。

この検証タイミングが最後の砦です。これまでの取り組みが水の泡になるかもしれませんが、公開さえしなければマイナスの影響は発生しません。公開日が差し迫っていると思いますが、丁寧に確認し、不具合は取り除きましょう。

⑦リニューアルの影響をチェックする

ここまでの流れに沿れば、大きな不具合もなく、妥協することもなく公開できたと思います。この時点で、あなたは相当優秀なWeb担当者だといえます。

しかし、正しく実装できたとしても、「仮説そのものが違っていた」という、最後の難関が待ちかまえています。以下の点を、公開後1ヶ月ほどは毎日チェックしましょう。

- 順位が下がっていないか？
- 最重要指標が下がっていないか？

確実に直したほうがいい不具合以外は、一時的な変動の可能性もあるため、最低でも1週間程度は待つのがおすすめです。特に順位に関しては、正しい実装をしても回復するまでに1ヶ月～３ヶ月ほど要することもあります。まず

は正しく実装できているかを確認し、そこがクリアになってから上記の指標をウォッチしてください。
「正しく実装もできているし、公開後1ヶ月経過し、このまま下落したままだろう」とマイナスの影響が確定した時点で、本来は公開前に戻すことが理想です。しかし、かけた時間や費用から難しいという場合が多いと思います。そんなときは、まずは正しい判断をするためにも、どんな指標が悪化しているのかを特定するところから始めましょう。以下が最優先で確認すべきポイントです。

- サイト全体で順位が下がっているのか？　特定のページだけで順位が下がっているのか？
- 順位が変わっていないものの、クリック率が下がっていないか？
- メインキーワードのパフォーマンスは変わらないが、ロングテールキーワードでのパフォーマンスが下がっていないか？
- インデックス数が想定よりも少なくなっていないか？
- （URL変更をした場合）URLの認識が変わっていないか？
- 重要なコンバージョン数が減っていないか？
- 下がっているのはCVRか？　それともPV数か？
- フォームへの導線など、重要ページへの遷移動線は減っていないか？

これらを直しても回復しなければ、また別の仮説を検証してください。
何にせよ、リニューアルをしたからとそのまま放置することだけは絶対に避けましょう。

第9章

がんばってSEOに取り組んできたけど成果が出ないから、やめようと思う

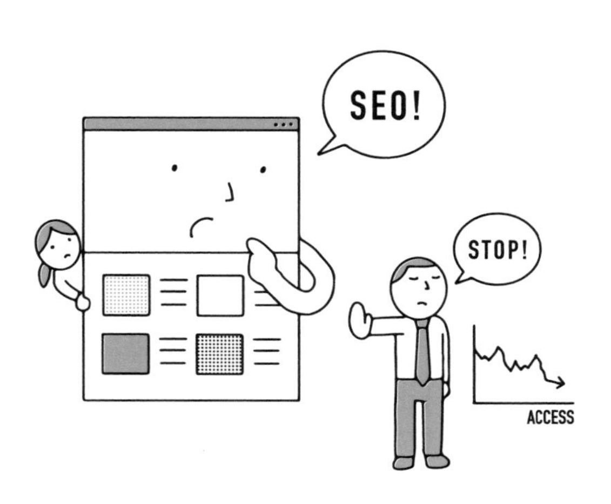

あらためて「SEOにおける成果」とは

費用対効果が見合わなければ、当然SEOをやめるもしくは縮小するという話も出てきます。しかし、すぐやめてしまう前に、あらためて「SEOの成果」について正しく理解しましょう。特に、SEOを主眼においてオウンドメディアを運用している場合などは、一度運用を止めてしまうと、再開するハードルはかなり高くなるからです。

売上に直接つながるアクション、つながらないアクション

SEOにおけるわかりやすい成果に「自然検索からの流入を獲得し、その流入においてユーザーに売上につながるアクションをしてもらう」ことがあります。アクションの例として、次のようなものが挙げられます。

- メールマガジン登録
- ホワイトペーパーのダウンロード
- リード獲得（ウェビナー申し込みなど）
- 商品の購入
- 販売（サブスクリプションプランの登録など）
- 商談創出（お問い合わせや相談の申し込みなど）
- アフィリエイトによる広告収益

商品購入やアフィリエイトなどは成果ポイントがわかりやすく、Web上で売上金額や発生した収益などを確認することができます。一方で、リード獲得や商談創出は、それだけでは売上が発生しないため、

「獲得したリードの中で、どれくらいお問い合わせしてもらえたのか？」
「獲得した商談の受注率がどれくらいか？」

など、さらに踏み込んだ分析が必要になります。たとえば

「自然検索からの流入経由でリードは増えたものの、じつはまったく商談化していない」
「自然検索からの流入経由の商談は、コンペが多く、受注率も低い」

などが実態であれば、成果としてSEOは意外と貢献していないという判断になるでしょう。
もちろん、コンペに負けてしまうことの原因はSEOにあるわけではないため、慎重に判断する必要があります。何にせよ、こうした場合には成果の分析がWebにとどまらないということは押さえておきましょう。

▼成果はWebにとどまらない

認知向上に貢献するか

その他の成果としては、「認知向上への貢献」も考えられます。

たとえば、会計ソフトの導入を検討しようと「会計ソフト」と検索して、1位にAというサイトが出てきたとします。ユーザーがAというサイトをこれまでに知らなければ、この時点で多少なりとも認知向上に貢献したといえるでしょう。BtoBサービスに限らず、事前にさまざまなサービスを知っている人は少なく、必要になったタイミングで検索したり、友人に聞いたりしてサービスを見つける人が大半です。そういった意味でも、サービスに関連するキーワードでの上位表示は認知向上に役立つのです。

一方、ほとんどのユーザーは、1時間前に見たサイトすら覚えていないというのが実態です。特に、単なる調べ物で検索しているくらいだと、忘れてしまう可能性がなおさら高くなります。その領域で片っ端から上位表示できているという場合であれば、よくその領域に関して検索するユーザーからは「あれ、このサイトよく見るな」という認知を獲得できるかもしれませんが、相当ハードルは高いといえるでしょう。

したがって、認知向上が期待できるのは、次の場合といえます。

- 解決しないといけないような、強い目的があって検索している場合
- 抱えている課題・希望にあったサービスを探している場合

この認知向上に関しては、「SEOに取り組むことで、どれだけ改善されたのか」を測定することが難しく、費用対効果も算出しにくい傾向があります。そのため、結局のところ、SEOの成果は獲得した「売上につながるアクション」対比で考えることが多くなります。

「たくさん取れているか」「コスパよく取れているか」で判断する

SEOの成果を判断するわかりやすい方法は、「たくさん取れているか」「コスパよく取れているか」の2つです。

たくさん取れているか

「少しコスパが悪かったり、最終的に商談化しなかったりしても、数を重視する」というケースです。

Webにおいて、多くコンバージョンを獲得できるチャネルは、それだけで優秀です。コスパが良いチャネルだとしても、費用をかければその分コンバージョンが増えるわけではないからです。

また、ある程度接触できる母数がないと、コンバージョンを増やすことができません。「検索する人」全域をターゲットにできるSEOは、この点において強みがあります。

コスパよく取れているか

「数はそこまで多くない場合もあるが、ほかにくらべて獲得単価が安かったり、商談化率が高かったりする」というケースです。費用をそこまでかけることができない場合は、コスパよく獲得していくことを目指すことになります。

▼「たくさん取れているか」「コスパよく取れているか」で成果を判断する

●たくさん取れている

・有効商談＝100件（商談1000件獲得→10％が対象）

・CPA＝10万円（総費用＝1000万円）

→コスパは悪いが、獲得有効商談数は多い。

●コスパよく取れている

・有効商談＝40件（商談100件獲得→40％が対象）

・CPA＝75,000円（総費用＝300万円）

→獲得有効商談数は少ないが、コスパは良い。

会社の目指す方向が「サービスのシェアをより拡大していきたい」という場合であれば、前者のほうが向いていると言えます。一方、「いったん費用を押さえて、利益をしっかりと出していきたい」という場合であれば、後者のほうが適しているといえます。

このように、単純に売上貢献のアクションがどれくらい発生したかを測るだけでなく、「会社の方針と合っているのか？」まで考えることで、正しく成果と向き合うことができます。

これは、SEO以外の施策との比較においても有効です。SEOよりも費用をかけずに効果的に獲得できる施策があり、何らかの事情で同時に進めることが難しいのであれば、優先すべきはほかの施策になり、SEOへの取り組みは縮小することになります。

もしもSEOをやめるとしたら

SEOをやめるとはどういうことか

SEOの取り組みをやめると、どのような影響が出るのでしょうか。

たとえば、ネット広告は出稿をやめれば、その媒体で表示されなくなりますし、テレビCMも、取り組みをやめれば、テレビに流れなくなるため、イメージがしやすいと思います。

しかし、SEOは取り組みをやめたとしても、サイトやコンテンツは残り続けるため、0になるわけではありません。コンテンツのテーマがソーシャルゲームの攻略情報などの最新情報が求められるようなサイトであれば、すぐに順位が下落してしまう可能性が高いですが、レトロゲームの攻略サイトであれば、世の中の情報が更新されることも少なく、競合性が低い場合は高順位をキープできることもあります。

▼SEOはすぐには効果が0にならない

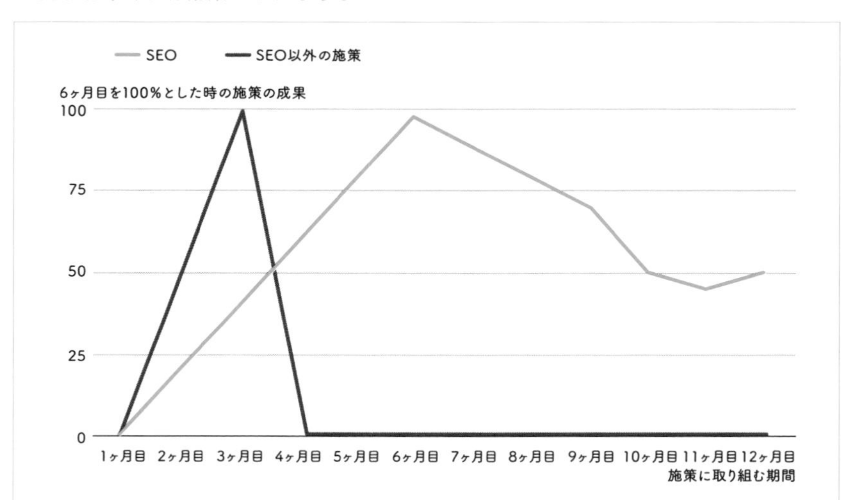

一方、作成したコンテンツを放置することには危険な側面もあります。特に、扱うテーマがYMYLに属する場合などは、古い情報を読んだユーザーに害を与えたり、そのタイミングではあまり問題でなかった内容が、後々になって炎上の火種になったりすることも考えられるからです。そうしたことを考えると、作成したコンテンツを削除することも視野に入れなければなりません。

しかし、そういったリスクをふまえても、コンテンツを完全に削除するのは、それまでの投資に対しあまりにももったいないです。害を及ぼす危険性のあるコンテンツのみ削除し、残りは多少メンテナンスしながら公開を続けることがおすすめです。

メディア運用以外のケースでは、SEOをやめることは「SEOを意識しなくなること」とイコールになります。担当者がやめてしまい、次第に廃れてしまうことはよくある話ですが、一度SEOを意識する体制を構築したのにも関わらず、あえてSEOのお作法を無視するのは非現実的です。サイトにあえてマイナス影響を与えるようなものだからです。

SEOのやめ時をどう考えるか

SEOのやめ時は、単純に考えれば、成果のポイントを満たせていないことがわかった時となります。要は、売上に貢献していないことがわかったタイミングです。しかし、本当にそこがやめ時なのか判断するのは非常に困難です。

- そもそも「SEOをやりきった」といえる状態なのか？
- 次のコアアップデートで流入が増える可能性はないのか？
- その他の施策が本当にSEO以上に成果を獲得できるのか？

など、迷うポイントは多数あるからです。

そこでおすすめしたいのが、以下の2つの考え方です。

①「やめたほうがいいかも」と思った次のタイミングで目標を達成できるかどうかで判断する

②完全にやめるのはもったいないので、現状をキープできるくらいの取り組みと費用に押さえる

まずは試行錯誤してみる

「うまくいかなかったから即やめる」というのは、これまでにかけてきた費用や時間が無駄になってしまうため、一定以上は試行錯誤をするべきです。

【例】

- 作ったコンテンツの順位が上がらない

　→リライトを実施、上がるまで順位改善に取り組む。

- コンバージョンが発生しない

→CTAを資料ダウンロード、会員登録などのマイクロコンバージョンに切り替え、再調整する。

→コンバージョン先を変えない場合は、訴求文言を変更するなどテストを実施する。

- そもそも取り組み方が合っていたのかわからない

→外部の知見のあるメンバーをアサインするなど、体制を見直す。

- リソース不足で、しっかりと施策を回せていなかった

→業務委託の方を採用するなど、リソースの拡充に努める。

- 問い合わせは獲得できていたが、ほとんどが有効な商談になっていなかった

→問い合わせ情報を確認し、商談対応や顧客の期待値にズレがなかったかなど確認する。

まずは、①のように懸念点を潰していきましょう。しっかりと懸念点を潰しておかないと、絶対に後で「あの時〇〇だったから、SEOはうまくいかなかった」という、タラレバの話が出てきます。上記の取り組みをおこなえば、たいていは数字が改善されるはずです。

規模を縮小して取り組みを継続できないか考える

問題なのが、それでも期待している目標に達しなかった場合です。その際も、同じく即決するのではなく、②の検討に入っていきましょう。

繰り返しますが、SEOをやめるからといって、流入が急に0になることはありません。また、情報の更新性が要求されないようなテーマであれば、流入自体も大きく減らない場合があります。サーバー代やドメイン管理など固定で

発生する費用はあるので、完全に無料で続けられるわけではありませんが、新規のコンテンツ制作を止めて、これまで作成したコンテンツの更新程度にリソースを押さえれば、費用はほとんどかからないでしょう。

よって、片手間でもすでに作ったコンテンツをチューニングすることをメインに取り組むなど、規模を縮小して取り組みを継続することが候補になります。もちろん、リソースが限られていて、その余裕すらないこともめずらしくなく、決してかんたんなことではありません。それでも、それまでの取り組みを少しでも成果に結びつけるためにも、最小限の取り組みで成果を出せる方法がないか模索してみましょう。

コンテンツのメンテナンスについては、まずは半年に1回は各コンテンツの内容をチェックできる体制を目指すといいでしょう。内容を変える必要がまったくないコンテンツは別ですが、半年も経てば追加情報が世に出てくるはずです。

それでも順位下落のペースが早く、もはや半年に一度の更新では止められないという状態になれば、オウンドメディアを閉じたほうが効率的な場合もあります。かけている時間と、その中で得られる成果を照らし合わせて、判断しましょう。

SEOをやめたあとに再開する場合は

「懸念点をとにかく潰し、できる限りのことをしたにも関わらず、求めていた成果が出せずにSEOをストップした。しかし、1年後にまたSEO待望論が上がってきた」

あまり想像したくないですが、そんな状況があるかもしれません。

そこで、最後に「かつてSEOに取り組んでいたけど、あらためてSEOに取り組むことになった」というケースを考えてみましょう。注意するべきポイントは、大きく5つです。

①かつてはどのように取り組んでいて、なぜSEOをやめたのか（失敗したのか）
②今回はどのような成果が求められているのか
③今回は競合を含め「勝てそう」か
④社内のリソースは十分にあるか
⑤SEO以外の取り組み状況はどうなっているか

①かつてはどのように取り組んでいて、なぜSEOをやめたのか（失敗したのか）

同じ失敗をしないためにも、以前の運用状況を整理しましょう。「取り組み期間」「費用」「人数（体制）」「コンテンツのテーマ」「制作していたコンテンツの本数」の5つがおもなものです。

- 取り組み期間　→　たったの半年で見限ってしまった
- 費用　→　月の予算がコンテンツ制作3本分ほどしかなく、十分にコンテンツを用意できなかった
- 人数　→　ほぼ1人で運用していた
- コンテンツのテーマ　→　当たり障りのない辞書的なコンテンツ
- 制作していたコンテンツの本数　→　月3本、合計でも20本弱

次に、おもな失敗要因を明確にしましょう。上記はすべてが失敗要因と言えなくもないですが、特に影響が大きそうなのが「取り組み期間」といえそうです。SEOを半年で見限ってしまうのは、あまりにも時期尚早です。今回の取り組みでは、最低でも1年間は確保するように交渉するなど、同じ失敗は繰り返さないようにしましょう。

また、期間だけ長く費用がなくても仕方がないため、今回の取り組みに必要なコンテンツ数、テーマを算出してしっかりと予算交渉もおこなうべきですし、それに合わせて必要なリソースも確保しましょう。

一度失敗していることは、大きな財産です。再度失敗しないように、経験を活かしましょう。

②今回はどのような成果が求められているのか

成果が何を指すのかは、かなり念入りに握っておきましょう。SEOに取り組みはじめる際には「流入数が増えればOK」と言っていたのにも関わらず、いざそこからコンバージョンが生まれないとわかると急に「取り組みは失敗だ！」と言ってくる人は一定数存在します。そもそもの目標設定に難があった

としても、目標が決まったらそれに合わせて取り組みも変わるため、目標設定は非常に重要です。

また、「追うべき成果が本当にそれでいいのか？」は定期的に見直すべきです。たとえば、会員登録数を追い続けたとしても、それに比例する形で売上が伸びてこないのであれば、目標に商品購入の完了にスイッチしたり、SEOのリソースをLTV（Life Time Valueの略で、一般的には特定の顧客がその生涯にわたって事業にもたらす総収益を指す）を高める施策へあてるなど、柔軟な対応が求められます。

③今回は競合を含め「勝てそう」か

SEOでは上位表示を果たさないとユーザーの目に触れないので、競合に検索結果で勝つことが重要になってきます。しかし、昨今SEOの難易度はどんどんと上がっており、キーワードによってはそもそも上位表示が狙えないことも考えられます。

よって、取り組み始める前に、そもそものSEOの難易度を予測しておくことが求められます。以下の点は事前に把握しておくといいでしょう。

- どういうテーマでコンテンツを作成するのか？
- その場合に競合になるサイトはあるか？
- YMYL領域に属していないか？（属していると取り組み方が変わる）

④社内のリソースは十分にあるか

目指す成果を定め、勝てる見込みがあっても、取り組むのがあなた1人では確実に成果が出ません。予算交渉を含め、必要な人員を整理し、事前に確保しておきましょう。

第3章でお伝えしたとおり、すべての人員を正社員で用意する必要はありません。あなたというブレインと、頼れる業務委託の方々という布陣で取り組むことも視野に入れておきましょう。

また、同じく繰り返しにはなりますが、社内メンバーのヘルプというかたちでリソースを押さえてしまうと、社内交渉やメンバーの忙しさなどを意識してしまい、頼みづらくなることもありえます。そのあたりも意識して、リソースを確保しましょう。

⑤SEO以外の取り組み状況はどうなっているか

成果ポイントがWebで完結しない、受注などに重きが置かれている場合は、SEO以外にも目を向ける必要があるといえます。受注率が上がれば必要な商談数は少なくなりますし、受注率が下がれば商談数はより多くなるからです。

Webでの商談獲得数の見込みが少なければ、目標達成を考えると、受注率改善に取り組んだほうがいい場合もあります。もちろん、それによりSEOの取り組みが鈍化し、獲得数が増えなければ元も子もないのですが、ビジネスでSEOに取り組む以上、範囲を広げて考えられるようにしましょう。

また、何度か触れてきたように、SEOはマーケティングの一部です。SNSの運用、ウェビナーの開催、PR活動などSEO以外の取り組み状況で、動きがいろいろと変わります。たとえば、作成したコンテンツをSNSでも投稿したり、メルマガで配信したりするなどです。基本的にチャネルが多いことはプラスに働きますが、その分工数が増えたり、どれも中途半端な運用になってしまったりすることもあるので、取り組む優先度は要注意です。

この5つのポイントを押さえたうえでSEOに取り組むことができれば、少なくとも以前と同じ失敗をすることはなくなるはずです。あなたのがんばりで、ぜひ社内のSEOの見え方を変えてください。
「やはりSEOは縮小する」という場合も、がんばりが無駄になるわけではありません。うまくオウンドメディアを継続させたり、どのように取り組んだかという記録を残してみてください。

第10章

ナイルはどのように SEOに 取り組んでいるのか

事例① Appliv

「アプリを探すユーザーとの接点」としてSEOは非常に重要

ナイルはWebコンサルティングだけでなく、事業会社としていくつかのサイト、メディアを運用しています。この章では、そんなナイルが「Appliv」「カルモマガジン」という2つのサイトを実際にどのように運用をしているのか、担当者の声をもとにご紹介します。

Appliv（アプリヴ）は、2012年にサービスを開始した、スマホアプリを紹介する専門メディアです。スマートフォンが普及した今、年代を問わず1人でも多くのスマホユーザーが最適なアプリを選ぶことができるよう、幅広く情報を提供しています。

▼Appliv

Appliv

サイトの構造としては、アプリを紹介するデータベースサイトになります。これまでに60,000以上のアプリを紹介しているほか、検索段階ではアプリでの課題解決を考えていない潜在層（たとえば上手な家計簿の付け方などを調べている人）に向けたコンテンツも展開しています。

そんなApplivのビジネスモデルは、アドセンスと代理店経由のアフィリエイト収益の2つが柱になります。この背景には、アプリストア内での検索は現在もまだ快適とは言えない状況が挙げられます。アプリの検索はGoogleなどの検索エンジンでされることがまだまだ多く、たとえば、Google検索では「アプリ」単体キーワードでも月間で20万回前後検索されています。個別のアプリでも「天気 アプリ」が1万5,000回前後、「地図 アプリ」も3万回前後と、まだまだ盛んに検索されているのがわかるかと思います。

よって、このAppliv というメディアにとって、「アプリを探すユーザーとの接点」という意味でSEOは非常に重要な施策であり、「〇〇 アプリ」などのキーワードでの上位表示は売上と直結すると言っても過言ではないのです。

3つのメインチーム+2つのサポートチームのマトリクス型組織

Applivは、現在「編集チーム」「全体最適チーム」「被リンク獲得チーム」の3つのメインチームと、その他のプロダクトもサポートする「エンジニアチーム」「SEOチーム」の計20人で運営されています。

▼Appliv の体制

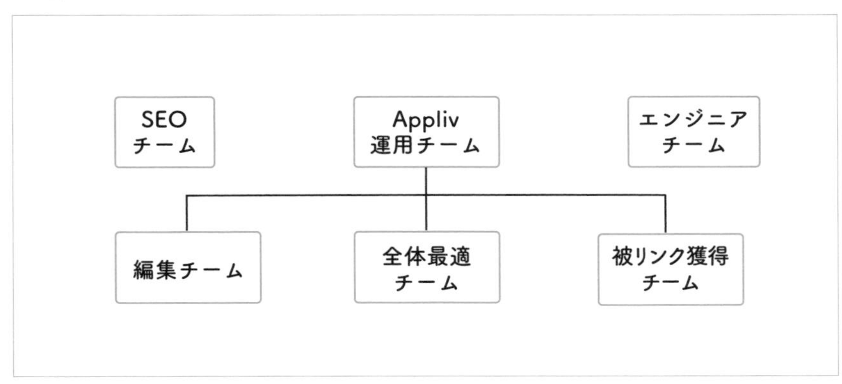

編集チーム

「アプリの紹介コンテンツ」「アプリを活用した関連コンテンツ」などを中心に制作するチームです。編集者2人と10人のライターで構成されています。

全体最適チーム

個々のコンテンツ改善を目的に取り組むチームです。クリック率や遷移率などのデータから、UI/UXの改善、コンテンツの順位改善、最重要ポイントである収益性の改善に取り組んでいます。

被リンク獲得チーム

SEOにおいて重要な要素である外部リンクを、メディア掲載などを通じ獲得していくチームです。幅広く被リンクを獲得するだけでなく、強化したいカテゴリーに合わせて掲載を狙うメディアを変更するなど、メディアの広報としても活動しています。

このような役割ごとのチーム体制と、エンジニアチームのようにほかのプロダクトとの兼ね合いを見ながら活動する体制は「マトリクス型組織」と呼ばれています。

エンジニアもSEO担当者も当然忙しいのですが、プロダクトによっては「今は稼働しなくていい」「方針が決まったから、コンテンツ制作をガンガン進めたい」など、リソースに空きが出るタイミングがあります。組織を横断的に見ることでリソースが無駄になりにくいのが、この体制の強みです。実際に、エンジニアが複数プロダクトに関わることで、あちこちで同じ開発をするなどの無駄を防ぐことができたり、別のプロダクトで作った仕組みを活用したりする効果的な運用を可能にしています。

同じくSEO担当者も横断的に設置することで、ドメイン全体のキーワードのカニバリゼーションに意識的になったり、各メディアでの取り組みを全体に反映させるなど、組織としてSEOに取り組むうえでのポジティブな効果が生まれています。どうしても自社サイトだけの知見になってしまいがちなインハウスSEO担当者が広く経験を積めるという点でも、良い仕組みだと思います。

もちろん、最初からこのような構造だったわけではありません。当初は「機能別組織」として、開発、デザイン、編集のように担当する役割ベースでチームが分かれていました。しかし、この体制だと、役割が明確な一方、組織上「目標を達成するためにどうすればいいか？」という考え方になりにくいという欠点がありました。

「自分はこれをやればいい。そういう役割である」

そんな思考になりやすいのです。そうした背景もあり、現在のような目標ベースの組織にシフトしていきました。

「量から質へ」の転換とともにコンテンツへの取り組みも進化

編集チームも、以下のような変遷をたどっています。

初期の2013年の段階では、ライターは6人ほどでした。今と人数があまり変わらないと感じるかもしれませんが、当時もコンテンツ制作は重要な施策であり、人数は一定以上は必要だったのです。一方で、プロの編集者は1人もいませんでした。当時はSEOの風潮としてコンテンツの大量生産が正義だったことも影響しています。もちろん、コンテンツの内容はライターが良いと思ったものを書いていましたが、それをプロの編集者が厳正にチェックしていたわけではありませんでした。

大きく変わったのは、2015年からです。この頃からSEOに取り組むうえでもコンテンツの質がかなり問われるようになり、Applivとしても「プロの編集者が必要だ」という意識が高まりました。その結果、コンテンツの正確性、わかりやすさなどを担保する編集者の役割を専任の人員が担当することになりました。

コンテンツの作成方法についても、フェーズに合わせて大きく進化してきました。

初期は、1つ400文字程度のアプリ紹介コンテンツを、アプリのダウンロード時間を含めて24分で仕上げていました。また、アプリのカテゴリ分けのため、約1,000のカテゴリを暗記し、それぞれのアプリに適切なカテゴリをひもづけていました。前述のとおり、コンテンツの数が正義であったため、当時のライターはストップウォッチ片手に時間を気にしながら執筆していたそうです。

現在では、コンテンツ作成の時間は1時間に伸びています。文字数も600文字に増え、さらに各コンテンツには3枚のスクリーンショット画像を設定することが追加のルールとして決まりました。また、ライターを悩ませていたカテゴリのひもづけは、専任のオペレーターが実施するようになりました。

これらの変化も「量から質へ」の転換が背後にあります。最初の頃は検索エンジンの上位表示を目指すうえで、大量のコンテンツを作成することが方針となっていました。しかし、前述のとおり2015年頃からSEOのトレンドが変わり、「ユーザーに向けたわかりやすいコンテンツ」が今まで以上に上位表示されるようになりました。こうしたSEOのトレンドに合わせて、Applivの組織も変わっていったのです。

▼コンテンツ作成の変遷

	Before		After
【時間】	24分	→	1時間
【目安文字数】	400文字	→	600文字
【画像】	なし	→	スクショ3枚

「最終的な勝者」になるために必要なことを逆算し、目標として設定する

先ほど説明したり、各チームには目標が設定されています。23年2Q（第二四半期）の目標は次のようなものでした。

- 編集チーム：「月に300本コンテンツを制作」
- 全体最適チーム：「現在のセッションから50万セッション増やす」
- 被リンク獲得チーム：「毎月50本の被リンク獲得」

一般的に、こうした目標は、全体最適チームのように特定の指標を改善するために設定されることが多いです。しかし、SEOはアップデートなどの外部要因による影響が大きいだけでなく、施策が反映されてから効果が出るまでに時間がかかることも多いため、「改善アクション」を目標に置くことも多々あります。

加えて、Applivの目標設計においては、短期的な目標だけでなく「最終的に勝ちきる」ことが重要であると考えられています。たとえば、セッション数

の増加を目的にコンテンツを大量生産しても、後のコアアップデートでかえって順位が下落してしまうということがSEOでは起こりえます。それでは、短期的には目標を達成しても、最終的には取り組みがマイナスになってしまうことになりかねません。そうならないように、Applivでは、安定的に上位表示させられる「最終的な勝者」になるために必要なことを逆算し、それを目標として設定するのです。

現在、Applivは次の3つを最重要指標として、月次で追っています。

- 新規コンテンツ公開数
- コンテンツ更新数
- 被リンク数

「これらの数字が競合を上回ることができれば、最終的に勝てる」という考えのもと取り組んでいます。しかし、当初からこのように考えていたわけではありません。

転換期は2021年でした。前年頃から「コンテンツ形式のページ」が「アプリ紹介一覧ページ」よりも順位が獲得しやすくなった背景もあり、Applivはデータベースサイトとコンテンツメディアのハイブリット型に転換したのですが、この転換にも成功し、収益も絶好調でした。しかし、Appliv内にすでに相当数のコンテンツがあったこともあり、投資を絞り、ライターの数も減らし、安定して収益を上げることにシフトしていきました。その結果、コアアップデートがマイナスの文脈で直撃してしまい、売上も30%ほど落ち込んでしまいました。

その後、早急に復活を目指すため、収益改善に取り組みましたが、一定の成果は出たものの、さらなる順位下落に見舞われてしまいました。そこで、しっかりとコンテンツ制作の運用を見直し、メディア運用の基本に立ち返り、運用することに決めたのです。

どのように施策に取り組んでいるか

Applivは、アプリストアへの送客によるアフィリエイト収益と、代理店経由の案件獲得の2つがおもな収益源になるため、必然的にターゲットは「アプリで課題を解決しようとする人」が対象になります。そのため、狙っていくキーワードも「さまざまな目的とアプリのかけ合わせ」が中心になります。たとえば、次のようなものです。

- 節約 アプリ
- お小遣い稼ぎ アプリ
- モザイク アプリ
- 写真加工 アプリ

とはいえ、アプリのジャンルによって収益性の高いものやダウンロード意欲の低いものが存在するため、狙っていくキーワードの優先度も変わります。

たとえば、一般的にアプリというと思い出される「ゲームアプリ」は、Appliv内ではストア遷移CVRがほかのカテゴリのアプリに比べ30%ほど低く、入れ替わりの多さから管理コストがかかるなど、Appliv内では対応優先度が低くなる傾向があります。また、キーワードを選定する際には、そうした収益性やCVRだけで考えるのではなく、ユーザーの存在が第一になります。そのため、必ず

「ユーザーが何を意識して検索しているのか？」
「ユーザーがアプリをダウンロードし、活用することで本当に解消したい課題は何なのか？」

というインテントの絞り込みを、編集メンバーと意見を合わせながら進めて

います。

キーワードだけを選定して、「後はコンテンツつくっておいて～」という投げやりなコミュニケーションではなく、「なぜ、そのキーワードを選定したのか？」「なぜ、ユーザーがそのキーワードで検索したのか？」という意図を押さえるのが、良いコンテンツづくりのポイントと言えるでしょう。

コンテンツ制作のフローを、アプリ紹介記事を例に紹介します。

①どのアプリにするかを決めるため、オペレーターがApp Store、新着アプリ情報などを見ながら、レビューするアプリのリストを作る。
②ライターがリストから自分が執筆したいアプリの欄に名前を書く。そして、1時間一本勝負のもと、執筆を進めていく。
③社内の校正者が内容の校正、校閲を進めていき、問題がなければそのままコンテンツを公開する。

このようにコンテンツ制作がスムーズに進むのは、フォーマットを明確にしているからです。「ここはこう書いてほしい」「このカテゴリーの写真はこう撮る」など、ガチガチにルール化することで、品質が安定するのです。

SEOに取り組む方へのアドバイス

Appliv　編集長　小泉翔（こいずみしょう）さん

SEOでは、運用業務が最も重要です。「3ヶ月以内にセッション数や売上を大きく増やす」といった短期目標を置いても、成果がなかなか出ずに苦しい思いをします。長期的なゴール（目標）設計をおこない、そこに到達するために日々どんな運用業務をどれだけやるべきかを常に模索しなければなりません。

成果がすぐ見えない中で不安になることもありますが、「どの競合よりもしっかり運用している」と胸を張って言えるなら、必ず成果はついてくるはずです。

Appliv　SEO担当　室田雄太

SEOには、長期的な正解はありません。短期的には「こうすれば順位が改善する」といった正解に近いものはありますが、それがいつまで続くかはわかりません。そうした際に役立つのが、「検索エンジンがどういう方向に成長しようとしているのか」を考えることと、心の底からユーザーファーストを突き詰めていくことだと考えています。

こうしたことを考えながら施策に取り組むことで、長期的に安定成長できるサイトにしていけると思います。

ちなみに、小泉さんと室田さんの関わり方はこのような形です。

- かなり高度なSEO施策を室田さんが担当、施策の要件定義などからやってもらう
- 室田さんが、最近のSEOトレンドなどをもとに小泉さんにアドバイス、組織の目標設計をする際に参考にしている

事例② カルモマガジン

通常のオウンドメディアの役割を超えた役割を担う

ナイル株式会社では、「おトクにマイカー 定額カルモくん」というカーリースのサービスを展開しています。国産メーカーの新車や中古車に、頭金、ボーナス払い不要、法定費用などを含めた月額制の料金プランで乗れるサービスです。

サービスの特徴の1つに、お店に来ることなく、手続きを完結できる点があります。これは、通常の車購入フローと大きく異なる点です。

そのため、Webでの集客がサービスとして相性がよく、Appliv同様、集客手段としてSEOが非常に重要な役割となります。

そんな定額カルモくんのオウンドメディアが「カルモマガジン」です。2017年から運用を開始し、カーリースの基礎知識だけでなく、新型の車の開発者にインタビューするなど、車に関するコンテンツを幅広く展開しています。

▼カルモマガジン

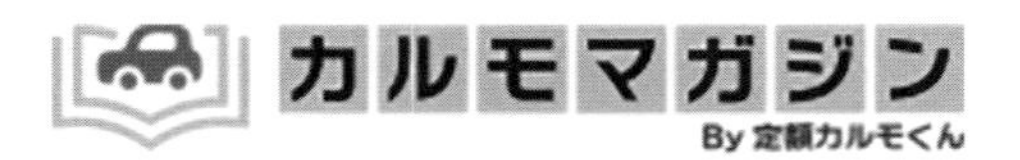

カルモマガジンは、一般的なオウンドメディアの役割である、サービスサイトへの送客や無料での審査申し込みだけでなく、審査に通過した数ほか、Webの後の指標も目標にするなど、一歩深くサービスに関わっています。

メンバーの多くが業務委託／外部のパートナー会社

現在、カルモマガジンは「編集長」「デスク」「編集」「ライター」のコンテンツ制作チームを中心に、「マーケター」「アナリスト」などの専門分野のメンバーで構成されています。LINE公式アカウント（旧 LINE@）の運用やメルマガ、Instagram、Twitter（現X）など幅広い施策を展開しており、そうした各施策にも担当者がついています。

そんなカルモマガジンの体制の特徴として、メンバーの多くが業務委託の方、外部のパートナー会社で構成されていることが挙げられます。かんたんに推移を紹介します。

▼カルモマガジンの体制の推移

19年～21年	22年	23年
● 正社員	● 正社員	● 正社員
編集＝1人	編集＝2人	編集＝4人
SEO担当＝0.5人	開発＝1.5人	
● 業務委託	● 業務委託	● 業務委託
編集＝4～6人	編集＝4～6人	編集＝2人
ライター＝4～6人	ライター＝4～6人	ライター＝3人
アナリスト＝1人	アナリスト＝1人	アナリスト＝1人
アシスタント＝2人		アシスタント＝3人
開発会社＝1社		開発＝1人
	● アルバイト	● アルバイト
	SEO担当＝1人	編集＝1人
	アシスタント＝2人	SEO担当＝1人
		アシスタント＝1人

※業務委託はフルコミットではない

コンテンツマーケティングおよび「定額カルモくん」のサービスを高いレベルで理解したうえで改善する必要性が出てきたこともあり、正社員の比率が高まっていますが、第3章でも紹介したように、「オウンドメディアに取り組むのは全員が正社員でないといけない」ということはないのです。

カルモマガジンの立ち上げ期は、社内のSEOコンサルメンバーに"外注"するような形で、戦略設計からコンテンツ制作までの多くを任せていました。立ち上げのタイミングは、メディアの構造設計やどんなコンテンツを制作していくかを決めていくこともあり、SEOの経験のあるメンバーの支援が必要だったからです。事業部にオウンドメディアを管轄するメンバーはいるものの、メインでオウンドメディアを運用していたのは（社内ではあるものの）外注パートナーという体制で取り組んでいました。

半年もすると、サービスのグロースに合わせて、オウンドメディアがより重要な施策と位置づけられるようになりました。理由としては前述のとおり、定額カルモくんのサービスが来店せずに完結するものであり、サービスとの相性がよかったためです。

また、当時は「個人向けカーリース」さらに「車のサブスク」が認知され始めたタイミングであり、徐々に競合サイトも増え始めました。そういった背景もあり、"外注"のスピード感では施策の進捗が物足りないものになっていきました。

そこで、元々編集者として活躍していた伊藤真二さんがカルモマガジン専任の担当としてアサインされることになりました。それに伴い、コンサルメンバーの関わり方も、施策の実装を支援するのではなく、「とにかく施策を伊藤さんに提案する」という形に変わっていきました。当時を伊藤さんに振り返ってもらいました。

「当時は編集者としてコンテンツ制作のプロである自覚はありましたが、オウンドメディアの運用や、SEOなどの経験はあまりありませんでした。なので、とにかく言われた提案を片っ端から実装していきましたね。中には『ホントかよ』と思うような提案もありましたが、彼らはSEOのプロなのでそこは信頼して、自分はひたすらアクションに徹しようと。もちろん、すべての施策が数字に結びついたわけではないのですが、『うまくいかなければもとに戻せばいい』くらいの感覚で、とにかく『新しい提案をくれ！』というコミュニケーションを心がけていましたね」

とはいえ、コンテンツ制作やサイトへの機能実装のすべてを伊藤さん1人で進めることはできません。そこで活躍したのが、業務委託の方々です。やること自体はコンサルメンバーの提案によってたくさんあるので、それを伊藤さん経由で業務委託の方々が進めていく流れです。

正社員となると、単純に仕事ができるだけでなく、会社のミッション、バリューへの共感、カルチャーマッチなどの観点での採用となるため、どうしても時間がかかってしまいます。しかし、業務委託の方であれば、シンプルに「仕事を依頼できるか」という基準で募集できるため、スピード感を落とすことなく、施策を進めることができたのです。

カルモマガジンがすごかったのは、この業務委託の方々を昼夜に分けて、可能な限り施策が進み続ける体制を構築した点です。

昼夜と聞くと「ブラック？」と思うかもしれませんが、海外在住の日本人の方に依頼するなど時差を活かして、朝→昼の業務委託の方に依頼、帰宅時など夜→朝の業務委託の方に依頼、という形を無理なく進めることができたのです。

「言われたことをやる」から「目標を追える」体制へ

さて、そのような業務委託中心の体制だと、どうしても課題になることがあります。それは「依頼したことだけをやる」という関わり方です。これは業務委託の方々が悪いわけではなく、いわゆる請負契約だとあたりまえのことです。それだといつまでも伊藤さんが施策を生み出し続けないと成り立たない体制になり、メディアの成長にも影響します。

そこで、徐々に慣れてきた業務委託の方は準委任契約に切り替え、数字を伸ばすことも意識してもらうなど、「言われたことをやる」ではなく、「目標を追える体制」に切り替えていきました。同時に、特に優秀な業務委託の方には、デスクとしてコンテンツ制作の管理なども担当してもらうようになりました。これにより、編集者の方も自分たちで成果を見ることができるようになり、スキルの底上げにつながったり、チームメンバー全体で「カーリースの契約者さまをどうやって増やすか？」を考えられるようになったりしたのです。

このあたりは、ぜひ業務委託の方と仕事に取り組む場合には参考にしていただきたい発想です。意識して進めれば、正社員中心の体制と変わらないか、それ以上のチームが構築できるのです。

こうして、カルモマガジンは正社員の伊藤さん、社内のSEOアドバイザー、昼夜の業務委託の皆様というスピードを出せる内製化に成功したのです。

目標設定は無理なく、しかし成長への取り組みは必死に

サービス自体も立ち上げ期であったため、オウンドメディアにもスピード感が求められていたという話をしましたが、決して無理な目標設定がされていたわけではありません。ナイルは長年SEOコンサルティングを提供していることもあり、代表を含めた役員陣はSEOの難しさ、時間がそれなりにかかることを理解していたからです。

当初掲げていた目標「カーリースで1位」は2年で達成してほしいという、比較的ロングスパンでの目標設定がされました。その目標に向けて、2週間に一度、ナイル代表の高橋飛翔さんと伊藤さんの間で1on1が実施されていました。

しかし、2年という長い目標期間だからといって、期待値が低かったわけではありません。繰り返しになりますが、サービスにおけるオウンドメディアの重要性は高かったのです。つまり、会社はSEOを理解したうえで、信頼してくれているものの、期待値も高いという状態であり、伊藤さんは「メディアの成長を1on1で見せないといけない」と必死だったそうです。

もちろん、数字の報告もしていたそうですが、いきなり数字が改善することはありません。そこで伊藤さんが心がけていたのは、「成長のためにこれだけのことに取り組んだ、これ以上はやれないでしょう」というアクションの結果を報告することでした。

この1on1でアクションを報告するという姿勢は、結果にも反映されていきました。取り組み後、1ヶ月程度で少し順位が上がり始めて、3～4ヶ月で3位にまで順位が上昇しました。これは、SEOコンサルの私から見ても驚異的なスピードであり、体制づくりと施策へのコミット力の成果だと感じます。

最終的には、2年と設定されていた目標を1年で達成し、事業部の売上の1/4を正社員1人の体制で生み出し、2020年には全社員のMVPにも選出されました。

メディアの成長とともに、指標も施策も変わる

カルモマガジンの目標は、4段階に分かれて変わっていきました。

①カーリースというキーワードで1位をとる
↓
②カーリースの審査をしてもらうためのアシストコンバージョン
↓
③カルモマガジン経由で直接審査に進んでいただくラストクリックコンバー

ジョン
↓
④カルモマガジン経由の審査通過数

まずは、先ほどご紹介した「カーリースというキーワードで1位をとること」と「カーリースの審査をしてもらうためのコンバージョンをアシストすること」を目標として、施策に取り組んでいました。前者はわかりやすいと思いますが、後者は少しわかりにくいので補足します。

アシストとは、最終的にコンバージョンしたユーザーとの最初の接点のことを指します。よって、カルモマガジンを最初に見たユーザーが最終的に審査に申し込んだ場合に、1とカウントされるのです。この指標を追うことで、カルモマガジンをきっかけに定額カルモくんに申し込んだユーザーの数がわかります。

ラストクリックコンバージョンとは、カルモマガジンを見た人が、次のアクションとして審査に申し込むことを指します。アシストコンバージョンと違い、メディアを見た流れで審査を完了させるため、獲得の難易度は上がるほか、流入を狙うユーザーもより顕在層に近いユーザーがターゲットになります。

一般的なオウンドメディアはここまでの指標改善で終わることが多いのですが、カルモマガジンはさらに審査の通過数を目標に設定しています。

審査の通過数となると、顕在層かどうかだけでなく、「審査に通るユーザー」という観点も大切になってくるため、これまで以上にターゲットへのアプローチが難しくなります。ほかにも、フォームの入力しやすさや、入力を途中で断念したユーザーへのアプローチなども必要になってきます。そのため、徹底的なフォーム改善や、MA（マーケティングオートメーション）ツールの活用など、オウンドメディアだけの運用をはるかに超えたアプローチが必要になっています。

このように、メディアの成長とともに目標とする指標も変わっていき、それに伴い施策の内容も徐々に変わっていきました。

SEOに取り組む方へのアドバイス

カルモマガジン　編集長　伊藤真二さん

私の成功は「施策をやりきること」と「実現するための仕組みを構築すること」の2つにあったと思います。

とにかく提案してもらった施策はやる。やるためにリソースが限られているのであれば、それを実現する組織、仕組みを作る——これが振り返ると非常に重要でした。

SEOの知識・経験なども、始める際の必須条件ではないと思います。実際にオウンドメディアを始めた際に、私はSEOの右も左もわかりませんでした。代表との1on1など成果を示さないといけない環境をつくってしまうことで、必然的に勉強やキャッチアップをすることになりました。

とはいえ、無茶な目標設定になってしまうと、苦労するのは担当者のほうです。そこだけしっかりと交渉するようにしてください（笑）。

おわりに

明確な答えがないSEOにおいては、仮説をもとに一定のアクション量をこなすことが最も大切だと考えています。しかし、さまざまな事情で思うようにアクションがとれないこともあり、その解決のヒントになればと思い執筆したのがこの本です。すぐに変わる順位の上げ方ではなく、根底となる施策の進め方、コミュニケーションの取り方が少しでも皆様のお役に立つようであれば幸いです。

編集の傳智之さんには本当に辛抱強く本書の完成までご支援いただきました。心の底より感謝申し上げます。執筆のチャンスをくださった大澤心咲さん、PRに協力いただいた松中朱李さん、取り組み状況を丁寧に教えていただいたAppliv の小泉翔さん、室田雄太さん、カルモマガジンの伊藤真二さんもありがとうございました。無事に完成できました。新卒時代、右も左もわからなかった私に「SEOとはなにか」を叩き込んでいただいた押谷圭祐さん、平塚直樹さんにも感謝します。

最後になりますが、SEOは決してかんたんな取り組みではありません。しかし、ユーザーのことを考え、さまざまな施策を多くの関係者とともに進めることは、読者のみなさんにとってキャリアアップにもつながる大きな経験になるはずです。

この本によって、10倍とは言わなくても、少しでも皆様のSEOがはかどることを願っています。

青木創平

PROFILE

青木創平

ナイル株式会社 SEOコンサルタント／マーケター。
1994年、東京生まれ。大学時代に友人とマッチングアプリを開発するも、マーケティングの視点が足りず失敗。その経験からマーケティングとしてのSEOに興味を持ち、2019年ナイル株式会社に入社。以降100社を超えるサイトにSEOを中心としたコンサルティングを実施。現在は社内マーケターとして、自社サイトの運営を中心に、広告運用やメールマーケティング、ウェビナーの企画など広く実施する傍ら、SEOツールの開発や社内外のSEOの相談にも乗っている。
SEOのポリシーは「ユーザーファーストと検索エンジンファーストの両立」。ユーザーにはより良い情報を、検索エンジンにはクロールしやすいサイトを提供することを心がけている。

ナイル株式会社

2007年1月に設立。多様な産業のデジタル化を進め、インターネットを活用した顧客企業のビジネス支援をするDX＆マーケティング事業、メディア運営を展開する。2018年よりカーリースサービス「おトクにマイカー 定額カルモくん」をリリースし、自動車産業DX事業を開始。
「日本を変革する矢」をビジョンに掲げ、豊かな未来を次世代に繋いでいくために、デジタルの力を活用し、日本を良くするための事業に挑戦し続けている。クライアントへのデジタルマーケティング支援実績は2,000社を超え（2023年時点）、豊富な実績と専門知見を軸にした、順位改善と売上貢献までをセットで考えるWebコンサルティング・コンテンツ制作・サイト改善～分析を強みに、多岐にわたるマーケティング支援サービスを展開する。

【コーポレートサイト】https://nyle.co.jp/
【ナイルのSEO相談室（旧SEO Hacks）】https://www.seohacks.net/
【Appliv】https://app-liv.jp/
【カルモマガジン】https://car-mo.jp/

ブックデザイン　山田彩子(dig)
イラスト　大野文彰
DTP／作図　白石知美・安田浩也(システムタンク)
編集　傳 智之

[お問い合わせについて]
本書に関するご質問は、FAX、書面、下記のWebサイトの質問用フォームでお願いいたします。
電話での直接のお問い合わせにはお答えできません。あらかじめご了承ください。
ご質問の際には以下を明記してください。

・書籍名
・該当ページ
・返信先(メールアドレス)

ご質問の際に記載いただいた個人情報は質問の返答以外の目的には使用いたしません。
お送りいただいたご質問には、できる限り迅速にお答えするよう努力しておりますが、お時間をいただくこともございます。
なお、ご質問は本書に記載されている内容に関するもののみとさせていただきます。

[問い合わせ先]
〒162-0846　東京都新宿区市谷左内町21-13
株式会社技術評論社　書籍編集部　「10倍はかどるSEOの進め方」係
FAX：03-3513-6183
Web：https://gihyo.jp/book/2023/978-4-297-13729-8

10倍（じゅうばい）はかどるSEO（エスイーオー）の進（すす）め方（かた）

2023年 11月 1日　初版　第1刷発行

著者　青木創平（あおきそうへい）
発行者　片岡巌
発行所　株式会社技術評論社
東京都新宿区市谷左内町21-13
電話　03-3513-6150　販売促進部
03-3513-6166　書籍編集部
印刷・製本　日経印刷株式会社

定価はカバーに表示してあります。

造本には細心の注意を払っておりますが、万一、乱丁（ページの乱れ）や落丁（ページの抜け）がございましたら、小社販売促進部までお送りください。送料小社負担にてお取り替えいたします。
ISBN978-4-297-13729-8　C3055　　Printed in Japan